中兽医
医方医术集锦

伍国强　何　瑜　主编

中国农业出版社
北　京

序

中兽医学是我国一门独立的综合性学科，从理论到临床、预防到治疗都具有一套完整的理论体系，其基本理论与中医学一脉相承，是我国历代劳动人民同动物疾病作斗争的经验积累，是中华民族传统文化遗产的重要组成部分。

中兽医学起源早，历史悠久。"兽医"一词首见于周代，中兽医成为系统于唐代，发扬光大于明代。早在3 000多年前，我国不但有了专职兽医，而且有了"病"和"疡"的分科。这在世界兽医史上写下了光辉一页。西周时期已有各种家畜的阉割术，尤以猪的阉割术为盛，成为世界上独特的精巧技术。春秋战国时期应用针灸、火烙术巧治畜病遍行全国。此时，历史上遗留下来的《司牧安骥集》《元亨疗马集》《养耕集》《牛经大全》《猪经大全》等一大批珍贵的兽医著作，充分反映了我国中兽医学不同时期的发展历程和技术水平。

新中国成立后，各级党委和政府高度重视中兽医事业，对中兽医工作者给予亲切关怀，解决其后顾之忧，充分发挥其作用，有力地促进了中兽医事业的快速发展。多年来，在浏阳市委、市政府的坚强领导和上级主管部门的精心指导下，浏阳市广大中兽医工作者始终贯彻"预防为主"的方针，坚持中西兽医相结合，敢为人先，先行先试，陆续推行了中草药防治畜病、新针疗法以及家畜保健合作制度，从"一根针，一把草"的治疗方式向中西兽医相结合方式转变。浏阳市中兽医机构不断健全，队伍不断壮大，技术不断提高，为各个时期畜牧业的发展作出了巨大贡献。

随着现代养殖业发展方式的转变，现代兽医技术日新月异，传统中兽医技术面临严峻挑战。自20世纪90年代以来，浏阳市中兽医技术的发展处于相对停滞状态，从业人员断层、技术失传的问题突出。如何尽快挖掘、收集、整理老一辈中兽医人员实用诊疗技术、验方、单方、祖传秘方以及中兽医古典文献资料留传后代实属当务之急，也是中兽医技术主管部门的职责所在，更是农业高质量发展、乡村产业振兴所需。

这次，浏阳市农业农村局组织开展全市名老中兽医医方医术挖掘工作，通过全面走访基层老中兽医，广泛收集验方、单方、秘方和各种中兽医文献资料，整理了浏阳市老中兽医医方医术。所有这些，充分体现了职能部门对中兽医工作的高度重视和远见卓识，为保护中兽医非物质文化遗产作出了不菲贡献。该书较为全面地介绍了中兽医诊疗技术、兽医中草药、中兽医防治经验，并附有浏阳市中兽医发展历史沿革及部分老中兽医简介，资料原始，医方医术行之有效，是浏阳市老中兽医几十年来实践经验的精华，具有很强的实用性和收藏性。该书的出版，凝聚了浏阳市农业农村局全体干部职工的集体智慧，它将为传承中兽医文化、合理利用中兽医资源发挥重要作用，对进一步加快浏阳市中西兽医结合、促进现代畜牧水产事业的发展、提升畜禽水产品质量安全水平具有重要意义。

中国工程院院士

2023 年 12 月

前　言

　　中兽医学是经过数千年的发展而形成的具有独特理论体系和丰富诊疗方法的传统兽医学，是历代劳动人民同动物疾病作斗争的经验总结，为畜牧业生产的健康发展作出了重大贡献，至今仍具有重要的学术价值。

　　为了继承和发扬中兽医学文化遗产，我们历时一年开展了挖掘整理湖南省浏阳市老一辈中兽医医方医术工作，重点走访健在的名老中兽医，广泛收集各类相关文献资料和临床秘方、验方，在此基础上，组织编写《中兽医医方医术集锦》。本书共分中兽医诊疗技术、兽医中草药、中兽医防治经验、中兽医文献（古籍）资料4个部分，以及浏阳市中兽医发展历史沿革及部分老中兽医简介2个附录，注重资料的原始性、医术的实用性和医方的有效性，内容翔实，简明易懂。

　　本书在编写过程中，得到了湖南省农业农村厅、长沙市农业农村局领导和专家的指导，也得到了畜牧领域相关单位、乡镇（街道）动物防疫检疫站、民间老兽医的鼎力支持。许多老中兽医提供了珍贵的历史资料和验方。书中引用和参考了不少专家、学者的资料，充实和丰富了本书内容。同时，湖南农业大学动物医学院中兽医学张明军教授，原浏阳市政协副主席、高级兽医师江山如，原长沙市动物卫生监督所副所长、高级兽医师黄长征等对本书进行了审阅和指导，乡镇（街道）动物防疫检疫站老兽医陈克明、张长庆、李昭富等对本书有关方剂进行校核，畜牧站工作人员刘绍书、李胜强、谭良鹏等提供了重要资料，在此一并致谢！

　　由于编者水平有限，书中错误在所难免，如有不妥之处，敬请读者批评指正。

编　者

2023 年 12 月

目 录

第一部分　中兽医诊疗技术

一、诊疗技术

中兽医学是一门独立的学科，从理论到临床、从预防到治疗都有一套完整的理论体系。以阴阳五行、脏腑、气血津液、经络、病因病机为基本理论，按照辨证论治原则进行畜病的诊断和治疗。

（一）诊断方法

民间中兽医常用的诊断方法：四诊、八纲辨证、脏腑辨证、卫气营血辨证等。

1. 四诊

望诊：主要是观察病畜的神色、形态等。具体内容是望精神形体，望耳皮毛，望食欲嘴嚼，望病畜眼睛，望口鼻异物和粪尿颜色等。

闻诊：即耳闻其音、鼻嗅其味。

问诊：中兽医诊断疾病的重要一环，主要调查了解发病原因、发病时间、发病及诊疗经过、饲养管理、既往病史等。

切诊：主要包括切脉和触诊两部分，即按其脉，摸其身。切脉是用手指切按患畜一定部位的动脉，以期了解疾病的征象；触诊是用手对病畜各部位进行触摸按压，以探察冷热、肿胀、软硬、疼痛感等。

2. 八纲辨证

八纲，即表、里、寒、热、虚、实、阴、阳。八纲辨证，就是将四诊所搜集到的各种病情资料进行分析综合，对疾病的部位、性质、正邪盛衰等加以概括，归纳为八个具有普遍性的证候类型。在辨证的基础上，据情运用汗、下、温、清、补、消、和、吐八法进行治疗。八纲辨证是各种辨证方法的基本纲领。

（1）表证与里证。表证和里证，是指病变部位的深浅和病情的轻重。表证指病位在体表，病势较轻；里证指病位在脏腑，病势较重。

表证：由于外邪经皮毛、口鼻侵犯机体，体内正气抗邪于肌表，邪正交争，卫外功能失调的病证。表证多见于外感病初期，具有起病急、病程短、病位浅的特点。临床表现以发热恶寒、被毛逆立、舌苔薄白、脉浮为主，常伴有咳嗽流涕、鼻液清稀等。但因畜体体质强弱和致病因素的不同，表证又有表寒、表热、表虚、表实之分。其中，以表寒、表热较为常见。表寒证见恶寒重、发热轻，遇寒则抖，被毛逆立，耳鼻发凉，无汗，不渴，舌苔薄白，脉浮紧。治宜辛温解表。表热证见发热重，恶寒轻，耳鼻俱温，有汗，口渴，口色偏红，舌苔薄黄，脉浮数。治宜辛凉解表。

里证：表邪未解，内传于里，或外邪直接入里侵犯脏腑，或因饥饱劳逸损伤脏腑，以致脏腑功能失调，呈现气血逆乱的病证。多见于外感病的中、后期和内伤杂病。具有起病缓、病位深、病情重、病程长的特点。里证的病因复杂，病位广泛，涉及诸多脏腑。

（2）寒证与热证。寒与热是体内的正气与病邪斗争中所引起的阴阳偏盛或偏衰的两种证候。寒证是阴胜其阳，热证是阳胜其阴。

寒证：外感阴寒之邪，或机体阳气不足，阴气偏盛而致病，在疾病过程中，机体反应低沉。由于引起寒证的病因、病机不同，可分为实寒证和虚寒证。实寒证见形寒怕冷，四肢耳鼻俱冷，口流清涎，腹痛泄泻，尿液清长，口色淡白或青白，舌苔白滑，脉象沉迟。治宜温散寒邪，方用桂心散。虚寒证见形寒肢冷，精神不振，食欲减退，卧多立少，泄泻便溏，完谷不化，或久泻不止，尿液清长，舌色淡白，脉象沉细。

热证：因感受阳热之邪，或因机体阴虚阳盛而致病，在发病过程中，机体反应亢进。由于引起热证的病因病机不同，可分为实热证与虚热证。实热证见壮热不退，四肢耳鼻俱热，躁动不安，口渴贪饮，呼吸促迫。粪便干燥，尿液短赤，口色红燥，舌苔黄干，脉象洪数。治宜清热泻火。虚热证见午后发热，低热不退，形体消瘦，精神不振，耳耷头低，粪干尿少，舌红少苔，脉细数。

（3）虚证与实证。虚实是概括和辨别畜体正气强弱和病邪盛衰的两个纲领。一般虚指正气虚，实指邪气盛。外感初期，证多属实；内伤久病，证多属虚。

虚证：多因劳役过度、饲喂不足、久病或慢性消耗性疾病使机体正气受损而引起。由于受损脏腑气血不同，可分为气虚、血虚、阴虚和阳虚。气虚证见毛焦体瘦，倦息多卧，精神不振，食欲减退，泄泻便溏，呼吸气短，叫声低微，多汗自汗，舌淡脉细。治宜补气。血虚证见精神沉郁，卧多立少，目光呆痴，视力减退，易惊不安，口色淡白，甚则苍白，脉细无力。治宜补血。阴虚证见毛焦体瘦，低烧不退，盗汗，口干舌燥，或见干咳，粪干尿少，舌红少苔，脉细数，治宜滋阴。阳虚证见身寒肢冷，自汗，泄泻便溏，完谷不化，或久泻不止，尿液清长，脉象迟细。

实证：畜体感受外邪或脏腑功能失调，以致病理性产物蓄积体内所引起。其主要证候有发热，气促喘粗，痰涎壅盛，肚腹胀满，腹痛拒按，粪便干燥或下痢后重，尿液短赤或淋漓涩痛，口色红燥，舌苔黄厚，脉实有力。因外邪性质差异，导致不同的病理产物蓄积，引起各种不同的证候表现。如痰浊阻肺则见咳嗽气喘，治宜祛痰止咳；水湿泛肤则为水肿，治宜利水消肿；停饮胸腹则为胸水、腹水，治宜攻逐水饮；食积胃腑则见肚腹胀满，食少腹痛，治宜消食导滞；热结肠道则粪便燥结，秘而腹痛，起卧不安，治宜泄热攻下；气滞胃肠则见肚腹胀满，腹痛起卧，呼吸促迫，治宜行气消胀；血瘀之证则见局部疼痛，刺痛拒按，痛处固定，或见皮肤紫斑，或皮下血肿，舌紫暗，或有瘀点，治宜活血散瘀。

（4）阴证与阳证。阴阳是概括病证类别的两个纲领。各种疾病，按其证候及病理机制的阴阳属性归纳为阴证和阳证两大类，在临证时具有提纲挈领的作用。

阴证：主要指里证、虚证和寒证；在外科疮疡方面，凡不红、不热、不痛，脓液稀薄无臭，或疮疡塌陷、久不收口者，也属阴证。

阳证：主要指表证、热证和实证；在外科疮疡方面，凡红、肿、热、痛明显，脓液黏稠发臭者，也属阳证。

亡阴与亡阳：病情至危重阶段所出现的病理现象。亡阴时，病畜汗出如油，烦躁怕热，耳鼻温热，气促喘粗，口渴喜饮，口干舌红，脉数无力或脉大而虚。多见于大失血、大下泻者。治宜急救养阴。亡阳时，汗出如水，沉郁怕冷，耳鼻发凉，气息微弱，口不渴，舌淡而润，或舌质蓝紫，脉微欲绝。多见于高热过汗、大失血、大下泻、严重感染、急性过劳等患畜。

3. 脏腑辨证

脏腑辨证包括五脏病辨证、六腑病辨证和脏腑兼病辨证，是各种辨证方法的基础。中兽医辨证方法很多，各有特点，八纲辨证是各种辨证方法的总纲，在临床上起着执简驭繁的作用。如果要进一步分析疾病的具体病理变化，就必须落实到脏腑上来，用脏腑辨证的方法加以辨别。如八纲辨证确认为阴虚证，具体到五脏六腑，只有辨明是哪一脏腑的阴虚，才能使治疗具有针对性，从而取得满意的疗效。

脏腑辨证是指以脏腑理论为基础，对四诊所搜集的脏腑病变，从病因、病位、病性和邪正盛衰等方面进行分析归纳，作出具体诊断，指导临床治疗的一种辨证方法。首先要熟悉脏腑的生理功能和病变特征，注意脏腑之间的相互联系和相互影响，紧密结合八纲、病因、气血津液等辨证方法，才能确切把握病变全局，作出脏腑证候的判断，为治疗提供可靠依据。

（1）五脏病辨证。

①心病证治。

心热内盛：见于黑汗风、热痛中暑、高热等病程中。证见高热，大汗，精神沉郁，气促喘粗，粪干尿少，口渴，舌色鲜红，脉洪数。治宜清心泻火，养阴生津，方用香薷散，血针鹘脉、胸膛、太阳穴。

心火上炎：见于心热舌疮等病程中。证见口舌肿胀，糜烂生疮，口流黏涎，口内酸臭，口色鲜红，脉洪数。治宜清心泻火，解毒消肿。

心气虚：见于劳伤、久病等病程中。证见心悸，自汗，动则气喘，腹下浮肿，舌色淡，脉沉细。治宜补心气。

心血虚：见于血液生化不足、失血过多、心脏机能障碍损伤心血等病。证见易惊不安，气短乏力，口色淡白或苍白，脉细弱。治宜养心血。

②肝病证治。

肝经实火：多由外感风热或由肝气郁结而化火所致。见于肝经风热、肝热传眼、五攒痛以及某些传染性疾病。证见发热，躁动不安，眼红肿痛，流泪难睁，睛生云翳；或见蹄部温热，疼痛，运步困难，粪干尿浓，口红苔黄，脉弦数。治宜清肝泻火。

热动肝风：见于温热病极期。证见高热，昏迷或撞壁冲墙，痉挛抽搐，口色红，脉弦数。治宜清热息风。

寒滞肝脉：见于阴肾黄等病程中。证见身寒，耳鼻发凉，外肾硬肿，运步困难，口色青，脉沉弦。治宜温肝散寒。

③脾病证治。临床上，脾气虚可分为3种证型：脾虚不运、脾气下陷、脾不统血。

脾虚不运：见于草慢不食等病程中。证见日渐消瘦，食欲减退，消化不良，肠鸣久泻，四肢浮肿，口色淡白或青白，脉沉细。治宜健脾益气。

脾气下陷：多由脾不健运发展而来，见于脱肛、子宫脱垂等病程中。证见瘦弱易汗，消化不良，脱肛或直肠脱垂、子宫脱垂，口色淡，脉沉细。治宜升提中气。

脾不统血：见于某些慢性出血性疾病的病程中。证见体质衰弱便血、尿血、出血斑，并有脾虚证候，口色淡白或苍白，脉沉细。治宜补脾止血。

④肺病证治。

肺热咳嗽：见于嗓黄、肺火等病程中。证见发热，喉痛，咳嗽，鼻液黏稠、黄白色，舌红苔黄。脉洪数。治宜清肺泻火止咳，方用款冬花散。

肺热气喘：见于肺黄等病程中。证见高热，气喘，咳嗽，脓性鼻液，口色红，脉洪数。治宜清肺平喘。

肺寒吐沫：证见瘦弱，耳鼻凉，口吐白沫，量极多，唇舌淡白，脉细。治宜温肺祛痰。

⑤肾病证治。

肾阴虚：见于久病体弱、慢性贫血、不孕症、骨软症以及某些慢性传染病的过程中。证见瘦弱倦怠，有低热，腰胯无力，好出虚汗，或见口舌生疮，粪便秘结，公畜举阳滑精，精少不育，母畜久不受孕，口干色红，脉细数。治宜滋补肾阴。

肾阳虚：见于久病体弱、慢性肠炎、风湿病、不孕症等病程中。证见倦怠怕冷，耳鼻发凉，气短虚喘，腰脊板硬，腰胯冷痛，四肢痿软，或见浮肿，公畜阳痿不举，母畜久不发情，口色淡白，脉沉细。治宜温补肾阳。

（2）六腑病辨证。

①胆病证治。

阳黄：见于急性黄疸症病程中。证见发热，食少腹胀，可视黏膜黄染，色泽鲜明，呈橘黄色，口干渴，粪干味臭，尿浓色黄，口红带黄，苔黄厚，脉弦滑而数。治宜清肝利胆。

阴黄：见于急、慢性黄疸症病程中。证见低热或无热，倦息瘦弱身寒怕冷，粪稀尿黄，消化不良，可视黏膜黄染，色泽晦暗，舌淡苔黄白而腻，脉迟细。治宜温肝利胆。

②胃病证治。

胃火：见于急性消化不良、口炎、某些热性病过程中。证见发热，耳鼻温热，多汗，食少，口干渴，牙龈肿痛，口臭，粪干尿少，口色鲜红，苔黄厚，脉洪数。治宜清胃泻火，方用清胃散，血针玉堂、通关穴。

胃阳虚：见于慢性消化不良的病程中。证见身寒，耳鼻凉，食少口内湿滑，流清涎，肠音活泼，口色青白，脉沉迟细。治宜温中散寒，针脾俞、后三里穴。

③小肠病证治。

小肠寒证：见于冷痛病程中。证见身寒颤抖，耳鼻发凉，肠鸣腹痛，起卧滚转，频排稀便，口内凉滑，口色青白，脉沉紧。治宜温阳散寒，针姜牙、分水、三江穴。

小肠实火：见于泌尿系病的病程中。证见排尿不畅，尿浓黄，甚者带脓血或为血尿。当小肠郁热上炎于心时，唇舌生疮，口色赤红，脉数。治宜清心泻火。

④大肠病证治。

大肠湿热：见于消化不良和肠黄病程中。证见发热不食，肠鸣腹痛，泄泻带脓血，味腥臭，尿浓黄，口色红，苔黄腻，脉洪数或滑数。治宜清热利湿解毒。

大肠燥结：见于肠便秘及热性病等。证见食欲废绝，肠音消失，腹痛腹胀，起卧滚转，粪结不通，口腔干燥，口色红，苔黄厚，脉数。治宜泄热通便，电针关元俞。

⑤膀胱病证治。

膀胱湿热：见于泌尿系感染、尿结石等病程中。证见发热，尿淋漓，尿液浓浊或带血或为血尿，口色红，苔黄腻，脉滑数。治宜清热利湿通淋，方用滑石散。

膀胱虚寒：见于膀胱括约肌麻痹等病程中。证见尿频尿淋，腰脊强拘，苔白，脉沉细。治宜温肾阳、固小便。

⑥三焦病证治。

三焦，为六腑之一，是上焦、中焦和下焦的合称（上焦为膈以上的部位，包括心、肺等脏；中焦为膈以下、脐以上的部位，包括脾、胃等脏腑；下焦为脐以下的部位，包括肾、膀胱、大肠、小肠等脏腑）。温病三焦病证多由上焦开始，传入中焦，进而传入下焦，为顺传，标志着病情由浅入深、由轻到重的病理进程。

上、中、下三焦发病的证候与它们所包含的主要脏腑发病的证候是一致的。上焦发病呈现心、肺的病证，中焦发病呈现脾、胃的病证，下焦发病呈现肝、肾以及大小肠、膀胱的病证。通过对三焦病证的各种临床表现进行综合分析和概括，以区分病程阶段、识别病情转变、明确病变部位、归纳证候类型、分析病机特点、确立治疗原则。

4. 卫气营血辨证

卫气营血辨证是中兽医对温热病的一种辨证方法。由于温热病一般都是起病急、发展快，因此可根据其病位深浅和病情轻重，划分为卫、气、营、血4个阶段进行辨证施治。

（1）卫分病证。温热病邪侵犯肌表，见于外感温热病初期。其症状、治法及选方与八纲辨证中的表热证完全相同。

（2）气分病证。温热病邪深入脏腑，多由卫分病发展而来。证见高热，多汗，气促喘粗，口渴多饮，舌红苔黄，口臭，脉洪数。治宜清热生津。

（3）营分病证。温热病邪入血的轻浅阶段，多由气分病发展而来。证见高热不退，意识障碍，心悸气促，口干，舌绛少苔，脉细数。治宜清热开窍。

（4）血分病证。温热病的最后阶段，多由营分病发展而来。证见高热，昏迷，可视黏膜出血斑点，或见鼻出血、肺出血，尿血、便血，舌紫暗，脉细数无力。治宜凉血、止血。

（5）合并证候。在临床实践中，热性病经常以卫气营血的错杂证候合并出现。例如，卫分证未罢又出现气分证，则为卫气同病，此时，既要辛凉解表，又要清热泻火。此外，常见的还有卫营同病、气营同病、气血同病等，均应在辨证的基础上分清主次、灵活施治。

（二）治疗方法

中兽医治疗动物疾病的方法分为内治法和外治法两种，内治法即内治八法，外治法包括开针洗口、刮痧疗法、埋线疗法、拔火罐、贴敷法、掺药法、吹鼻法、熏法、洗法、口噙法。

1. 内治法

在中兽医临床治疗中，内治法是最常用的一种方法。归纳起来，可分为汗、吐、下、和、温、清、补、消8种，也称内治八法。浏阳市中兽医在长期临床实践中总结汇编成了论治法则歌诀，包括内治八法歌、标本论治法则歌等。

2. 外治法

外科疾病的治疗往往需内外兼治、相互配合。民间常用的方法有开针洗口、刮痧疗法、埋线疗法、拔火罐、贴敷法、掺药法、吹鼻法、熏法、洗法、口噙法10种。

（1）开针洗口。针刺可激发和调整畜体的神经机能，改善机体血液循环，提高畜体的抗病能力。洗口可促进畜体消化液的分泌，增强畜体的消化能力。方法：春耕前，待牛保定后，借助开口器掰开牛嘴，拉出牛舌，迅速用小宽针刺破牛舌上通关穴的浅表血管，使牛舌通关穴流出血液即可。牛舌通关穴位于舌体腹侧面，舌系带两旁的血管上，左、右侧各一穴。在牛的针灸治疗中，所使用的针具一般有毫针、小宽针和注射器等。冷水冲洗后，再用食盐、生姜加百草霜擦洗舌体。

（2）刮痧疗法。将棉花用70%的酒精浸湿，在背部、下腹部用力涂擦，之后用金属刮痧器刮之（也可用铁勺代替），刮至皮肤出现瘀血为止。刮痧有疏通经络、引邪外出的作用，适用于高热症、咽喉炎、丹毒、感冒等疾病。

（3）埋线疗法（上吊药）。将羊肠线埋藏于病畜的穴位，利用肠线或药物在穴位组织中产生持续性刺激，以调节气血、增强机体的抗病能力，从而达到治愈的目的。例如，猪的交巢穴埋肠线治疗仔猪下痢，猪耳背包埋蟾酥治疗喘气病等。

（4）拔火罐。拔火罐具有消炎止痛、驱寒祛湿、疏通经络等作用，可以治疗支气管炎、小叶性肺炎、胸膜炎、肋间神经痛、风湿、痹痛、疮疖等。方法：将病畜局部剃毛、消毒，涂少量油脂，在竹制火罐内投放点燃的酒精棉球，然后迅速罩在待拔罐部位，10～20分钟后起罐。

（5）贴敷法。贴敷法是将膏、散及生药捣烂贴敷于患部的一种方法。疮黄、疔毒、痈疽及体外寄生虫病等均可根据不同的病证分别贴敷不同的药物。这类药物处理方法：调成油剂、将药物研成细末、调和后用布裹贴、用预先作好的油膏，涂于纱布上，再贴于患处。

（6）掺药法。掺药法是将药粉掺入疮口或患部，因所用方药不同，其作用也不同。可分为消散、拔毒去腐、生肌收口、止血敛口、点眼去翳等。

①消散。消散是将具有消散作用的药粉撒涂于患处，如冰硼散。

②拔毒去腐。痈疽肿毒在破溃之初，必须拔毒去腐，因为脓腐不去则新肉不生，可用生石膏9份、白降丹1份，共研末调匀，撒于伤口上。

③生肌收口。患部脓液排尽后，须用生肌药以促其生肌长肉，提早收口，如生肌散。

④止血敛口。掺药止血较常用的有桃花散。

⑤点眼去翳。如拔云散点眼治肝热传眼。

（7）吹鼻法。将药粉喷吹入鼻内，使患畜打喷嚏，以通关利窍，治疗某些内科疾病，如吹鼻散、通关散。药粉必须研得极细，充分和匀，吹时不宜过分用力。

（8）熏法。熏法是将药物点燃后用烟熏治疗某些疾病，如用硫黄熏羊疥癣。

（9）洗法。洗法是将药物煎熬成汤，擦洗患部，具有消毒、祛风、收敛等作用，如治脱肛的防风汤。洗法还包括皂浴疗法。

（10）口噙法。口噙法是将药末装在布或绢制的长形小袋内，缝口，两端系绳，热水浸湿后含于病畜口中，如治疗口疮或舌疮的青黛散。

二、针灸技术

兽医针灸疗法是中兽医学的重要组成部分，具有经济简便、易懂易学、治疗范围广的特点。通过寻找病证归属的经络、关联的脏腑，明确病证的阴阳、表里、寒热、虚实而作出诊断，再利用经络、穴位的传导和功能，以"内病外治"的方式，应用各种不同针具或艾灸、烙等方法对相应的穴位施以适当刺激，从而通调经脉气血，维持阴阳动态平衡，使脏腑功能互相协调。针术和灸术是两种不同的治疗方法，所取穴位一致，往往同时并用，通过针术和灸术，可以通经活络、扶正祛邪，从而达到预防和治疗疾病的目的。20世纪90年代之前，中兽医针灸多用来治疗牛、马、骡等大型家畜的疾病。近年来，由于宠物医疗业的发展，以及人们对宠物的喜爱和关心，针灸逐渐显示出了其独特的优越性，受到宠物主人及兽医从业人员的重视，逐渐成为一种治疗和预防的重要方法。

（一）针灸用具和进针方法

1. 针灸用具

兽医临床上主要的用具有针具、灸疗用具、电针仪器 3 种。针具有毫针、小宽针和注射器等。灸疗用具主要是醋麸灸疗袋（醋麸灸是用醋拌麦麸炒热后，装在布袋中，热敷牲畜腰胯部位的治疗方法。施术时，将装有醋麸的热敷袋，放置在牲畜的脊背处，反复擦搓，对牲畜的腰胯部进行醋麸灸治疗。此法具有较强的驱寒镇痛的效果，治疗时间为 10 分钟）。电针仪器是一种现代针灸治疗仪器。

2. 进针方法

在针灸治疗中，进针方法有缓进针法和速进针法。使用毫针针灸时，多用缓进针法。使用血针治疗时，多用速进针法。需要注意的是，在所有创伤性治疗中，施术穴位、针具及施术人员的手都要用 75% 的酒精进行彻底消毒。

（二）行针手法

行针是在针灸的留针过程中根据病情采用捻转、弹拨等方法加强对穴位的刺激，从而提高针灸治疗效果。捻转是用手捏住针柄进行左右捻转，使针体正反方向转动 180°～360°，以达到加强刺激效果的行针手法。施术时，转动角度大、频率快，则刺激强；转动角度小、频率慢，刺激就小。

弹拨是用手指轻弹针柄使针体震动，并将这种震动传递到穴位深部，加强刺激效果的行针手法。

（三）针灸应用情况

在 20 世纪 50—60 年代，浏阳市中兽医广泛应用针灸来治疗动物疾病。70 年代以后，在传统的针灸疗法基础上创造了新针、水针和电针疗法。现在，针灸疗法不仅可以用来治疗一般常见病、多发病，而且可以治疗一些疑难疾病，并成功地把针灸应用到兽医临床——麻醉，使针灸疗法得到了更广泛的应用，运用情况如表 1-1 所示。

表 1-1　20 世纪不同年代浏阳市中兽医针灸的运用情况

时间	中兽医人数（人）	掌握并运用针灸人数（人）	发生疾病种数（种）		常用针灸治疗种数（种）		占疾病种类（%）	
			猪	牛	猪	牛	猪	牛
50 年代	665	530	16	26	7	15	43.8	57.7
60 年代	488	340	18	27	8	16	44.4	59.3

（续）

时间	中兽医人数（人）	掌握并运用针灸人数（人）	发生疾病种数（种）		常用针灸治疗种数（种）		占疾病种类（%）	
			猪	牛	猪	牛	猪	牛
70年代	863	590	21	27	9	14	42.9	51.9
80年代	861	540	28	27	10	14	35.7	51.9
常用针灸治疗疾病名称	感冒、风湿、中暑、气胀、慢草、宿草不转、泄泻、痢疾、木舌、肝热眼肿、咳嗽、肺热、破伤风、急性中毒、脱膊、蹄肿、消化不良、呕吐、血尿、仔猪下痢、喘气病、无名高热、关节炎、后肢瘫痪、抽风、口疮、口眼歪斜、癫痫、脑黄、猪丹毒、便秘、肾炎、腹痛、乳房炎、泌尿生殖系统疾病等							

（四）常见病针灸疗法

1. 牛病疗法

肝风（黑眼风、眨眼皮）

血针太阳、骨眼、四蹄门穴，毫针天门、风门、百会穴，或火针风门、百会穴。

肝热传眼（风火眼）

针刺太阳、三江、睛明穴，配取耳尖、尾尖、丹田、分水穴。

胆胀

针刺肝俞、胆俞为主穴，睛明、山根、百会、尾根、尾尖、苏气为配穴。

心风黄

针刺胸堂、颈脉、天门为主穴，配取通关、耳尖、太阳、尾尖穴。

中暑

方一：针刺通关、颈脉为主穴，配取太阳、耳尖、山根、承浆、丹田、尾尖穴。

方二：针刺太阳、天门、通关为主穴，配取耳尖、尾尖、涌泉、滴水穴。

木舌

针刺通关为主穴，并用冷水冲洗。胸堂、山根、承浆、耳尖、尾尖为配穴。重者在舌面或两侧以小三棱针密刺，使其出血，以冷水浇之（需连针2～4次），并可用青黛9克、冰片1.5克，调后擦于舌上，或用食盐15克、明矾15克、清水7.5升配制成溶液，冲洗口舌，再用小竹管吹入冰硼散（冰片6克、硼砂18克共研末）。

脾气痛

针脾俞穴为主，配取后海、百会、三江、分水、耳尖、尾尖、蹄头穴。

脾虚腿肿

针脾俞、百会穴为主，配取腕后、曲池穴。并用小宽针由缠腕穴开针散刺，再用薄姜片覆于针眼上，用草纸捻蘸油在生姜上灸，然后再用烧酒点燃擦患处。

肺热气喘

针颈脉、肺俞、苏气为主穴，配取鬐甲、百会、天门、尾尖穴。

感冒

针太阳、天门、耳尖为主穴，配取山根、角根、百会、肺俞、苏气、睛明穴。寒邪过重可加艾灸。

翻胃吐草

方一：针脾俞、丹田、百会、山根、苏气穴。

方二：针脾俞、百会、通关、尾尖、蹄头穴。

宿草不转（料伤胃结、食胀、瘤胃积食）

针刺食胀为主穴，胘俞、百会、脾俞、山根、滴明为配穴。

肚胀（气胀、瘤胃臌胀）

放气针刺入胘俞穴，放出气体，配取脾俞、后海、百会、山根、通关、耳尖穴。

便结

针后海、脾俞为主穴，配取通关、百会、命门、尾本穴。并可配用生姜、红糖适量，捣烂塞入直肠。

冷肠泻

方一：针后海、脾俞穴为主，配取百会、后三里穴，或艾灸。

方二：火针脾俞穴，配后海、尾尖、命门、山根穴。

脱肛

用温开水或用药液洗净患部后，莲花穴剪除或用指甲捏取风皮瘀膜，涂上油脂，徐徐整复送回。配以火针百会、后海穴。

胞转（尿闭）

针命门、阳关、海门为主穴，配取百会、肾俞、滴明、后海、尾尖穴。同时，可在直肠内轻轻按压膀胱使尿排出。

尿血

方一：针刺命门、阳关、肾俞为主穴，配取百会、山根、通关、耳尖穴。

方二：针刺百会、蹄头穴，以盐水冲洗口腔，同时口服棕树芯 250 克、地榆炭 25 克、茵陈草 60 克。

过劳

针刺通关、山根、丹田、前灯盏为主穴，配取苏气、百会、六脉穴。

歪嘴风

针刺风门、睛明、耳根、开关、抱腮、耳尖等穴，或用艾灸烧烙。

胸黄

针刺胸堂穴，外用醋调燕子窝泥敷患部，一日敷数次。肿胀蔓延者可用中宽针密刺患部。如已溃软，可穿黄排液、排脓。

肚底黄

针刺带脉穴，肿胀部中心用火针穿刺，并用中宽针密刺周围肿胀处，放出毒水，外配用醋调陈石灰敷患部，一日敷数次。

尾痹（垂尾不动）

针刺百会、尾根、尾尖穴。

胎衣不下

针刺百会、会阴、后海、尾根穴，或用手术取出。

子宫脱

首先整复还纳，然后针刺百会、会阴、尾根穴。

破伤风

针天门、风门、百会为主穴，配取山根、开关、耳尖、蹄头穴。伤口处施行烧烙术。

风湿症

腰胯风湿：以百会、阳关、命门、环中、大胯为主穴，配取滴水、蹄头穴，多用火针艾灸，也可酒醋温敷腰部。

前肢风湿：针抢风、冲天、肩外俞、肩井、肘俞为主穴，配取涌泉、缠腕、蹄头穴。

后肢风湿：针大胯、小胯、百会、阳陵、汗沟、掠草为主穴，配取曲池、滴水、蹄头穴。

脱膊（叉胛）

先行手术整复。再于肩胛骨上下四角（膊尖、膊栏、肺门、肺攀穴）扎火针，由上至下扎入 1 寸*左右。扎针后并在患处用酒醋施灸，以光滑鞋底或布团由下而上摩擦 5 分钟。

扭伤脊筋

针刺百会、阳关、命门、肾俞、脾俞、尾根穴。

蹄黄

针刺蹄头、蹄门、缠腕、灯盏穴。

2. 猪病疗法

肝热转眼

针刺太阳、睛俞、睛明、肝俞为主穴，配取耳尖、尾尖穴。

---

* 寸为非法定计量单位。1 寸≈3.33 厘米。

中暑（闭痧）

方一：针刺山根、鼻中、百会、耳尖、尾尖、涌泉、滴水为主穴，配取刮曲泽穴。

方二：以天门、脑俞、太阳为主穴，配取耳尖、耳门、开关穴。

方三：以天门、百会为主穴，配取耳尖、尾尖、蹄头穴。

猪肺热

用刮痧器刮肋部两侧穴部，针刺肺俞、苏气、耳尖、尾本穴，配以涌泉、山根穴。

感冒

方一：针刺天门、大椎、耳尖、尾尖、涌泉、滴水为主穴，配以山根、苏气、六脉穴。

方二：针刺耳尖、玉堂、尾尖、蹄头穴，鼻镜干加鼻俞穴。

无名高热

方一：针大椎、耳尖、尾尖、涌泉、滴水为主穴，配取鼻中、天门、鬐甲、尾本穴。

方二：针耳尖、耳根、尾尖为主穴，配取玉堂、脾俞、七星穴。如果便秘，配取后海、后结带穴；如果呼吸喘粗，配取苏气、肺俞穴。

胃寒不食

针刺脾俞、六脉、七星、后三里穴，配以艾灸百会、中脘、下脘、海门穴。

呕吐

对胃肠疾患引起的呕吐，针刺玉堂、脾俞、后海、七星、后三里为主穴，配取山根、百会、蹄头穴。

泄泻

方一：针脾俞、后海、七星、后三里、六脉为主穴，配取百会、山根、蹄头穴。

方二：针后海为主穴，配取后三里、玉堂穴。

便结

方一：针玉堂、脾俞、后海、七星、后结带为主穴，配取百会、命门、山根、六脉、尾根、尾尖、蹄头穴。

方二：针关元俞、六脉、后海、尾尖为主穴，配取山根、玉堂、百会、后三里穴。

肠黄

方一：针后海、脾俞、百会、后三里、玉堂、尾尖为主穴，配取山根、耳尖、尾根、尾本穴。

方二：针脾俞、后海、带脉、尾本为主穴，配取玉堂、耳尖、尾尖穴。

仔猪下痢

方一：后海穴羊肠线埋线。具体方法：将病猪倒置，穴位消毒，将2～4号羊肠线穿过消毒过的不锈钢医用三角缝合针（圆针1/2，半弯12×65）于穴位正中处的左侧或右侧通过皮下肌肉，深度0.5～1厘米，穿过对侧出针，然后剪去肠线的露出部分，将皮肤提起一下，使肠线的末端拉入皮内，以免脱落，然后用50%的碘酊消毒。

方二：针海门、后海、后三里为主穴，尾根、六脉、百会为配穴，隔日施灸或施针1次，连续2～3次，冬春以灸为主，夏秋以针为主。

脱肛

首先掏出肠中积粪，用温开水或药液洗净脱出部。莲花穴轻轻剪去风膜及坏死组织，或刺破瘀肿处挤出毒水，再用浓明矾水揉洗干净后，缓缓送入肛门内，在肛门周围分3处注射95%的酒精，按猪大小每点5～10毫升。

胞转（尿闭）

针命门、海门、阳明、百会穴为主，配取大椎、开风、尾本、尾尖、蹄头穴；同时，将蝼蛄（土狗子）5～10个烧成灰研末温水冲服。

尿血

方一：针海门、阳关、命门、阳明穴为主，配取百会、开风、后三里穴。

方二：针前结带、阴俞、海门穴为主，配取玉堂、百会、尾尖穴。同时，可用血余炭30～45克兑水灌服。

饱潲病

方一：针耳尖、尾尖、涌泉、滴水穴为主穴，配取山根、百会穴，并全身喷以冷水；同时，内服雄黄、大蒜。

方二：剪断尾尖、耳尖，使其大量出血，并针刺天门、鼻中、脾俞、后海、蹄头穴；同时，将绿豆500克煎水，加青油125毫升灌服。

食盐中毒

方一：剪耳尖，断尾尖，并腹腔注射葡萄糖液。

方二：针刺天门、耳尖、尾尖、涌泉、滴水穴；同时，用茶叶、菊花煎水灌服。

猪异嗜病

针刺玉堂、山根、脾俞、六脉、后三里为主穴，配取尾尖、涌泉、滴水、蹄头穴。

大头疯（肿头黄、木头症）

方一：针刺天门、鼻中、开关穴，配取百会、耳尖、尾尖、睛明穴；针后用大蒜 250 克捣汁，用汁水涂擦患部。

方二：在患部周围与中心，用针刺破皮肤挤出黄水、血水，然后用消毒药冲洗创口，最后用烧酒调石灰涂擦患部。

方三：大蒜 250 克、雄黄 30 克、鸽子粪一把、白酒 180 毫升，共捣碎调匀涂擦患部。

脑旋风

方一：针刺天门（针灸）、大椎（针灸）、山根、尾尖、蹄头穴为主。如反复发作，配取涌泉、滴水穴。如长期头部痉挛，则配以风门、脑俞穴。减食配取玉堂穴。如牙关紧者，则可配锁口、开关穴。

方二：针刺天门、转脑、脑俞、山根、鼻中穴为主，配取耳尖、尾尖、蹄头穴。

方三：针耳上筋、耳中筋，牙关紧配取锁口、开关穴。

胎风（产后风瘫）

方一：针刺百会（火针或艾灸）、尾根、命门穴为主，配取涌泉、滴水、蹄头穴；针前先用烧酒喷洒全身，特别是后躯，然后用力揉擦。

方二：艾灸百会、滴水、开风、曲池等穴。

方三：针刺大胯、开风、曲池、后三里、蹄头穴为主，配取百会、蹄头穴；扎针后用生姜、葱、盐共炒热捣烂，趁热用布包好，先用烧酒 500 克热喷在病猪全身皮上，再用上药布包推擦全身。

奶痈

针刺阳明、乳基、海门、百会穴为主，配取六脉、尾本、耳尖、尾尖穴。

风湿症

方一：针刺大胯、小胯、百会、抢风、缠腕、涌泉、滴水穴为主，配取玉堂、六脉、后三里穴。

方二：针刺患肢的涌泉（滴水）穴，入针 3～5 毫米，捻转针柄，有痛感后拔针，配以山根、尾尖、缠腕、蹄头穴，在百会穴上施隔姜灸。

破伤风

方一：针刺天门、百会（火针）穴为主，配取鼻中、耳尖、山根、蹄头穴。

方二：针刺锁口、开关、天门、大风门穴为主，配取百会、涌泉、曲池、后缠腕穴。注意保持安静，并可配以药物治疗。

3. 羊病疗法

中暑

针刺太阳、耳尖、山根为主穴，配取通关、尾尖、涌泉、滴水穴。

感冒

针刺鼻俞、顺气、耳尖、肺俞、涌泉、滴水穴。

宿草不转

针刺脾俞、通关穴为主，配以百会、涌泉、滴水穴。

肚痛

方一：针刺脾俞、内唇阴为主穴，配取耳尖、尾尖穴。

方二：针刺脾俞、大眼角穴。

肚胀

方一：针刺脾俞、百会为主穴，配取耳尖穴。重者肷俞穴放气。

方二：针刺肷俞、后海、百会、脾俞、尾尖、涌泉、滴水穴。

拉稀

方一：针刺（或艾灸）脾俞、百会、海门、后海、脐前、脐后穴。

方二：针刺百会、尾根、顺气、大肠俞、后三里穴。

羊角风

针刺天门、龙会、风门、伏兔、百会、山根穴。

产后瘫痪（产后风）

火针或艾灸百会、肾俞、肾棚、肾角穴，配取通关、蹄头穴。

四肢风湿

前肢针刺抢风、肩井、肘俞、膊尖穴。后肢针刺百会、环中、环后、掠草、汗沟、仰瓦穴。

腐蹄

针刺蹄底、涌泉（滴水）、蹄头穴，同时开刀去脓，用药液冲洗、涂药等疗法配合。

（五）针具的种类

针具的种类见图 1-1 至图 1-4。

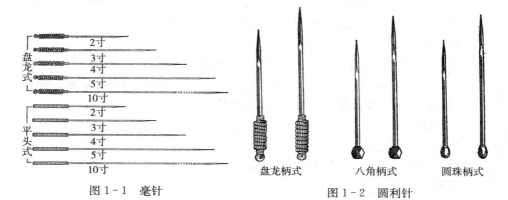

图 1-1　毫针

图 1-2　圆利针

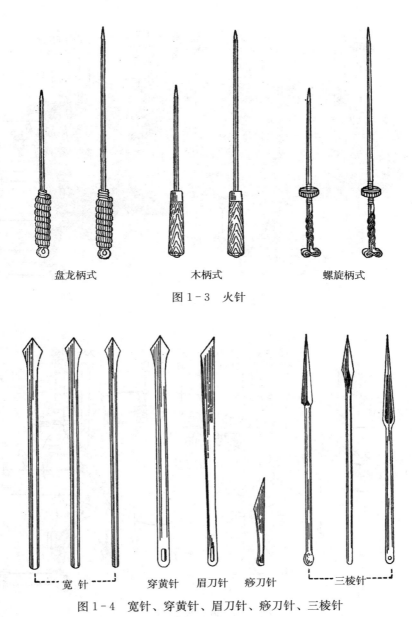

盘龙柄式　　　　木柄式　　　　螺旋柄式

图 1-3　火针

宽　针　　穿黄针　眉刀针　瘊刀针　　三棱针

图 1-4　宽针、穿黄针、眉刀针、瘊刀针、三棱针

(六) 猪、牛、羊常用针灸穴位图

猪、牛、羊常用针灸穴位图见图 1-5 至图 1-20。

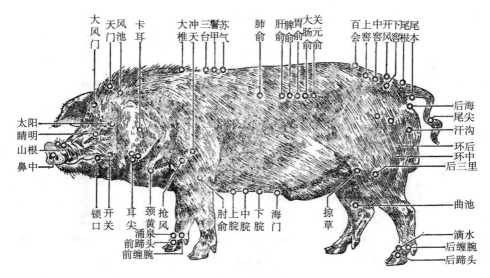

图 1-5　猪体表穴位

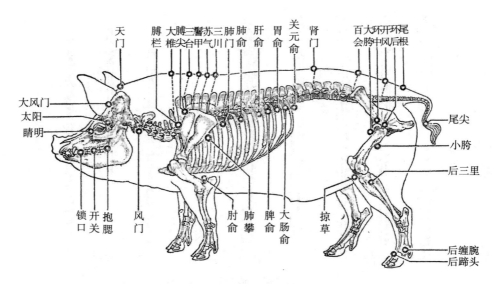

图 1-6　猪骨骼及穴位

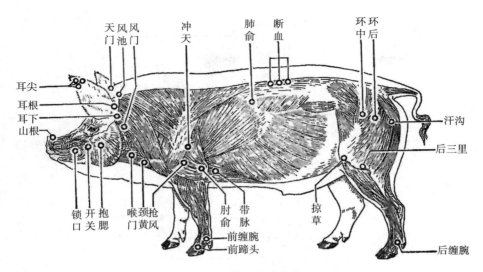

图 1-7　猪肌肉及穴位

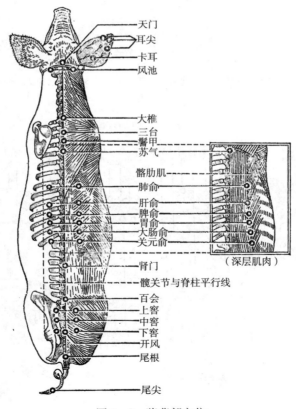

图 1-8　猪背部穴位

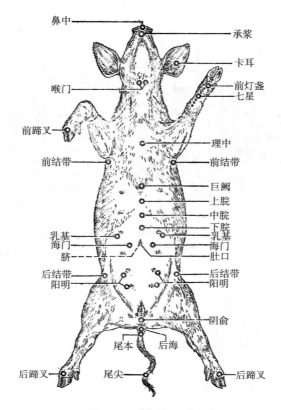

图 1-9　猪腹部穴位

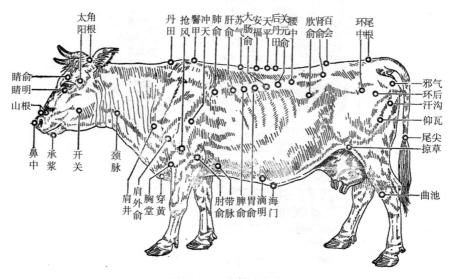

图 1-10　牛体表穴位

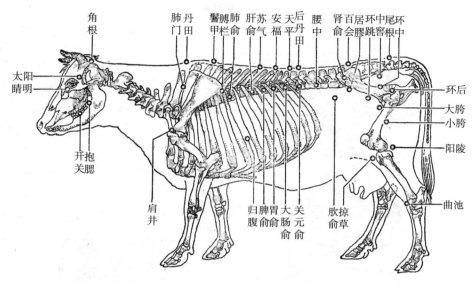

图 1-11 牛骨骼及穴位

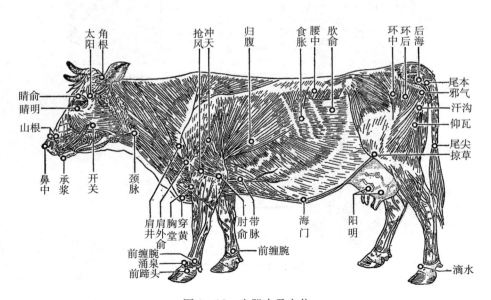

图 1-12 牛肌肉及穴位

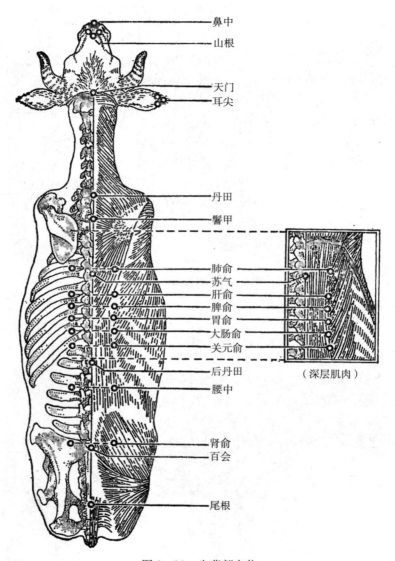

鼻中
山根

天门
耳尖

丹田
鬐甲

肺俞
苏气
肝俞
脾俞
胃俞
大肠俞
关元俞

后丹田
腰中

肾俞
百会

尾根

（深层肌肉）

图 1-13　牛背部穴位

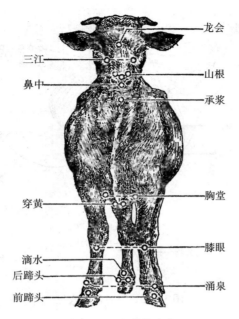

图 1-14　牛前躯穴位

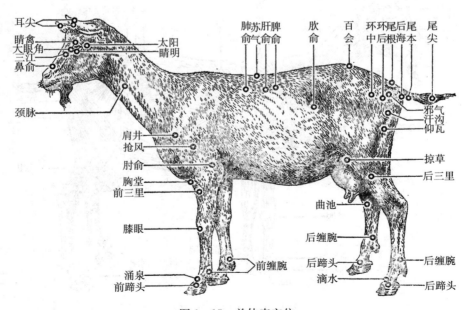

图 1-15　羊体表穴位

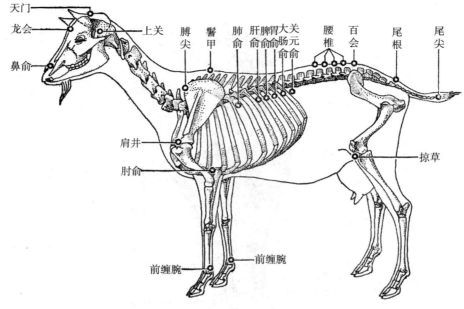

图 1-16　羊骨骼及穴位

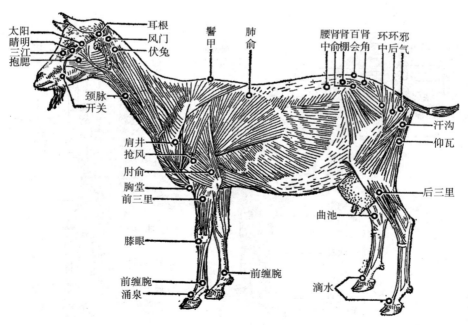

图 1-17　羊肌肉及穴位

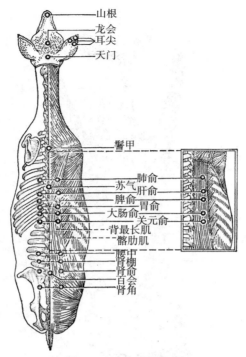

图 1-18　羊背部穴位

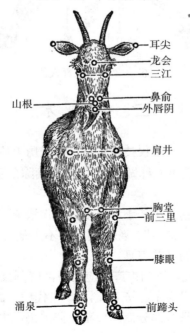

图 1-19　羊头部及前躯穴位

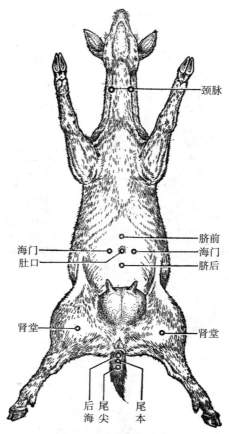

图 1-20 羊腹部穴位

三、阉 割 术

我国的畜禽阉割技术，不仅技术精良，而且历史悠久，有文字记载的历史就有 1 500 多年。古人把睾丸称做"势"，所以摘除公畜睾丸也叫"去势"，这一说法沿用至今。

畜禽的阉割术具有创口小、手术安全、操作快捷、简便易行、无后遗症等特点，是中兽医的一种"绝活"。曾受到世界不少地方的重视，如丹麦哥本哈根农学院就存有我国猪的挑花刀具。

20 世纪 40—80 年代，浏阳市广泛应用畜禽阉割技术，促进了畜禽生长发育、改善了肉质风味、提高了经济效益。90 年代后，因畜禽品种改良，母猪、公牛一般不需要阉割；只有部分商品公猪、公羊仍需去势，但业务量较小。因此，畜禽阉割术有待加大传承保护力度。

常用畜禽阉割工具见图 1-21。

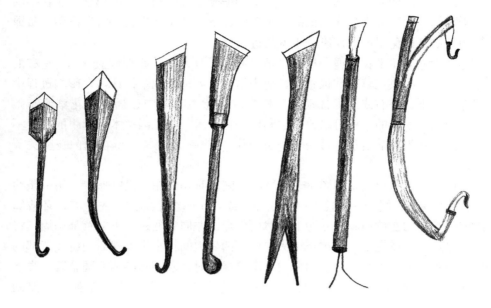

图 1-21　常用畜禽阉割工具

（一）公牛阉割术

阉割年龄：黄牛 1 岁左右，水牛以 1～3 岁为宜。

术前检查：对要阉割的公牛进行检查，当健康无病时方能阉割，否则不宜阉割。

1. 保定方法

（1）站立保定法。此法适用于性情温和的公牛，如图 1-22 所示。

图 1-22　站立保定法

①保定时需 3 人，1 人用牛鼻钳夹住或用手指握住牛鼻中隔，一手握住牛角，防止牛前行或后退和头颈左右转动。另外 2 人分别用腰侧部紧紧靠在牛的躯干两侧，两手分别握住同侧的耳朵和肷部下方的松软皮肤，将尾巴用一条绳拴到颈部，以免尾巴摇摆影响手术的进行。

②用一条 4 米长的绳子拴在牛角（或牛鼻环）上，距拴绳处 1 尺*左右的地方拴上一小束花草或数根布条。绳头由一个人远远地牵拉住，在阉割过程中把绳作上下、左右或圆形摇动。这样牛的注意力就集中在摇动的花草或布条上，作阉割手术的人就可以比较顺利地进行手术，避免因手术引起牛的过度不安。为防止牛向前走动，可用一条短绳作"8"字形缠绕，缚在两前腿腕关节上部。

（2）倒卧保定法。如图 1-23 所示，阉割时，作左侧横卧保定。用一条约 5 米长的绳子，绳的一端拴上一个铁环，或者作一个小绳圈。先把有铁环或绳圈的一端拴到左侧前腿的寸腕上，然后将绳由左向右通过胸下绕背部一周；将绳头穿过铁环或绳圈后，再把绳头向后从两后腿间拉出来；然后绕在背部的绳圈移到后腿的大腿部。当向后用力牵拉绳头时，左前腿和两后腿就因向腹下一起靠拢而倒向左侧。为了避免牛在放倒时损伤头部和角，应有一人控制头部。

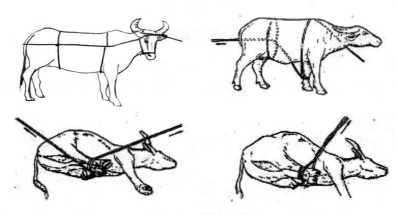

图 1-23　倒卧保定法

牛倒地后，用一条较短的绳，或放倒时用长绳的绳头捆住四条腿。捆缚腿时，可先用绳头在小腿部分分别用活结捆住两前肢和两后肢，然后再捆缚到一起。

在保定过程中，注意人畜安全。应选择平坦宽敞的场地，保定牛头的人应

---

*　尺为非法定计量单位。1 尺≈33.33 厘米。

特别注意避免放倒时被牛触伤。

2. 手术方法

（1）将牛左侧横卧保定，清洁术部并涂擦5%碘酒后，术者站在牛的臀部后方，右手拿刀，左手由后向前握住阴囊颈部。

（2）在阴囊的前部，阴囊中缝两侧1～2指宽的地方，或在阴囊的两侧，各作一个纵形或横形的切口。在阴囊两侧作切口时，不要使两个切口联通起来。切口长度约为睾丸长度的1/2，由上向下达到阴囊的底部，以能够顺利挤出睾丸为原则，一次切透阴囊壁和总鞘膜。走骟法见图1-24。

（3）挤出睾丸后，撕断或割断白筋。

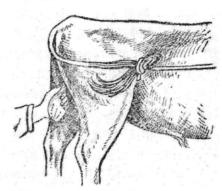

（4）用左手拇指、食指捏住精索，并用手掌托住睾丸。在血筋最细的地方割断输精管，然后用右手拇指、食指刮挫血筋，使其断裂。犊牛因精管不很坚韧，可不先割断，而与血筋一起刮挫。

3. 术后护理

（1）要与其他牛隔离，避免因爬跨母牛或与其他公牛角斗时引起术后出血而影响伤口愈合。

图1-24　走骟法
（虚线为切口位置）

（2）为了避免阴囊伤口被蚊蝇叮咬及伤口内生蛆，每天应在伤口部及伤口外围涂擦植物油一次，直至愈合。

（3）保持圈内干净，垫圈宜用干草。

（4）每天在平坦的道路或场地上牵遛1～2小时，伤口愈合前不能下水和使役，更不能打击腰部。

（二）母猪阉割术

浏阳市的母猪阉割方法很多，技术成熟，发展过程大致可分为5个阶段。20世纪30—40年代采取游肠法（盘肠、牵肠、走线）；50年代为扪花法（摸花法）；60年代改为钩花法；80年代技术娴熟的去势员推出"双龙出洞"法；90年代又推出新的去势方法——挑花法（即大挑花、小挑花）。

摸花法是浏阳市应用最广泛的方法之一（图1-25）。主要把握三关：抓好猪、选准开刀部位为第一关；破腹膜（油皮）、探摸上花（卵巢）为第二关；跨过直肠、探摸下花为第三关。

1. 保定方法

母猪右侧卧，助手拉直后腿，术者右脚踩住猪左侧耳根颈部。

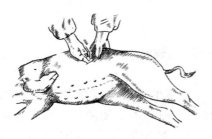

图 1-25 摸花法阉母猪

2. 开口部位

"上齐三叉骨，下齐两排半，逢中开一刀，丝毫也不差，稀不稀，密不密，两排半奶就是的"。从母猪左边三叉骨向下，对齐两排半乳头，使之成直线，并在直线中间位置开一口子，即是最准确的开口部位。

3. 手术方法

"刀破皮、指穿肉，阴手进、阳手出，两手不离肉，两眼不离位。板油如缎子，粪肠如链子，左一摸，右一摸，软是肠（子宫角），硬是花（卵巢），上花对下花，一点也不差。两手三手不见花，骨盆腔里是老家"。即：术者右手持刀，将术部皮肤切开1～3厘米长的半月形创口。用右手食指钝性分离肌肉后，趁猪叫臌气时，一下戳穿腹膜（油皮），进入腹腔到左侧脊椎沟处，由后向前探摸左侧卵巢。摸到卵巢后，用食指第一节弯沿腹腔腰部将花带出创口，随即将其紧握于右手心内；再进入右食指，按原路伸至脊椎沟后，用食指扒开大肠，并跨过直肠至右侧脊椎沟内，同法探摸出右侧卵巢。两卵巢均摸出后，整理花衣（输卵管伞），在近子宫角的输卵管处切除。较大母猪切除前可先于输卵管处结扎。切除后伸入右手食指将子宫送入油皮下，食指围腹壁绕几圈加以整复（也可将切口缝合一、二针），即可放猪。有的花子出不来，而以刀柄钩子钩出叫"钩花法"。当下花摸不到，而将子宫边送进边拉出，直至最后拉出下卵巢叫"游肠法"。

（三）公猪阉割术

1. 阉割月龄

一般在断奶前或断奶后1～2周，以1～3月龄为最佳。应避免在断奶期间进行阉割。

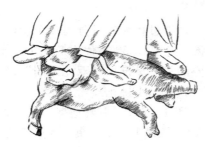

图 1-26 公猪侧卧保定法
及拿睾丸的手势

2. 保定方法

助手双手分别抓住小公猪的两后肢，使小猪头朝下、背朝术者，即倒提保定法。公猪侧卧保定法及拿睾丸的手势见图1-26。

3. 手术方法

术前准备好阉割刀、止血钳、酒精棉球等物品，先用75％酒精进行刀具消毒，再用碘酊（酒）棉球涂擦公猪阴囊部位进行消毒处理。

（1）消毒后，术者左手中指由前向后顶住一个睾丸，拇指和食指捏住阴囊基部，将睾丸挤向阴囊底部，使睾丸不易缩回，并使阴囊壁紧张。

（2）右手执阉割刀，在右侧睾丸最突出的阴囊上作一与阴囊中缝平行的切口（长1～3厘米），一次切透阴囊壁，挤出右侧睾丸。同时，在阴囊纵隔上作一小切口，挤出左侧睾丸。

（3）睾丸脱出后，撕断睾丸鞘膜，右手向外牵引睾丸，以左手拇指尖和食指刮断精索，摘除睾丸。手术结束，术者用手将公猪阴囊内的白色液体挤出，将猪放入栏内。

（四）公鸡阉割术

1. 手术部位

右侧肷部，离开最后肋骨后缘，自髋关节水平向腹侧面作长约1寸切口。

2. 术部处理

先把切口附近的羽毛全部拔掉，再用75%酒精药棉涂擦消毒，将周围的羽毛擦湿并分向两侧。鸡的保定和术部图见图1-27。

3. 手术步骤

（1）左手拇指按住鸡的尾根部向前推动，使躯体前移，食指确定切口位置，并向后移动切口部皮肤。

（2）右手以执笔方式拿刀，在左手食指的前方肷部作与肋骨平行的切口。

图1-27　鸡的保定和术部图

先切透皮肤，向后拨开横间肌，再切破腹壁肌间层。

（3）用扩张器扩大切口，利用阉鸡刀柄尖挑破腹膜和腹部气囊壁，使切口通向腹腔。

（4）右手持套睾器，利用套睾器的勺向腹腔下部拨开肠道（图1-28）。对较大的公鸡，在用套睾器的勺拔起右侧睾丸前端的同时，左手用阉割刀柄的尖，配合套睾器勺内的小孔，撕破睾丸外侧的被膜，再用套睾器扩大而使睾丸完全暴露在被膜外面，摘取睾丸，如睾丸较小（如黑豆大），要在睾丸后缘撕破外面的被膜，使睾丸完全暴露。

图1-28　套取睾丸手势图

（5）摘除睾丸时，术者左手以执笔方式持刀，用刀柄尖端轻轻压住睾丸，同时以左手拇、食二指捏住套睾器上拴的黑色而粗的马尾端，套取并锯下睾丸

（图 1-29）。

图 1-29 套取睾丸方法图

（6）如睾丸较大，应先摘取右侧睾丸。

第二部分　兽医中草药

一、中草药资源

浏阳市属亚热带季风湿润气候区，年平均气温 16.7～17.6℃，无霜期235～293 天，以山地丘陵为主，年降水量 1 450～2 300 毫米，地理气候条件优越。浏阳市岩层结构主要为浅变质岩类，其次是红岩类，再次是花岗岩、第四纪松散堆积物和少量石灰岩。土壤分布：600 米以下以红壤为主，600～800米为黄红壤，800～1 000 米为山地黄壤，1 000～1 200 米为山地黄棕壤，1 200米以上为山地草甸土，土壤肥沃，适宜于农作物、中草药的生长。在 20世纪 50—60 年代，药材公司和畜牧部门都有中草药基地，农户在房前屋后有栽培中草药的习惯。

据《浏阳县中草药资源名录》记载，浏阳县共有中草药品种 2 200 余种，涉及低等植物 13 科 48 属 21 种、高等植物 186 科 732 属 1 458 种、动物类 124 科 229 种、矿产类 6 类 52 种、其他类 484 种。1981 年《浏阳县草山资源考察报告》记载，浏阳县有自然生长和人工栽培的中草药 470 多种，主要分布在大围山与连云山脉低山区。其中，植物类药物有石苇、骨碎补、石吊兰、石南藤、石狗牙、黄栀子、女贞子、山豆根、半荷枫、海金沙、大活血、过山龙、水灯芯、谷精草、半边莲、蒲公英、夏枯草、三颗针、淮山、白术、生地、紫苏等 396 种；动物类药物有蜈蚣、蝉蜕、穿山甲、眼镜蛇、乌梢蛇、土鳖、百节虫等 52 种；矿物类药物有石膏、生石灰、芒硝、硫黄、自然铜、百草霜等 29 种。同时，考察中发现在海拔 500～600 米的山地有常山、总管皮、通奶草、藜芦根、紫珠、罗头七、黄精等；海拔 600～1 000米的山地有天南星、独活、良姜、海棠、野魔芋、银线草（四大天王）、八角枫、黄连、吴茱萸等；海拔 1 000 米以上的山地有山楂、山桂枝、八角莲、七叶一枝花、满山香、胆草、天麻、前胡、独活、党参、太子参、龙盘参等。

二、中草药开发利用

新中国成立到20世纪80年代末，浏阳市畜禽防病治病主要靠的是中兽医、中草药，民间有"一把草，一根针"之说。20世纪70年代初，逐步采取中西兽医相结合的方法防治畜病，但防治耕牛等大型家畜仍然是以中草药为主。特别是70年代，当时的浏阳县各公社兽医站大搞中草药西制，即把中草药制成注射液、片剂、丸剂、散剂等。这样成本低廉、使用方便，把中草药的开发利用推向了新的高潮。

（一）中草药的特点

1. 品种多，应用广泛

浏阳市每年需耗用中草药400多吨，如永安兽医站每年发放中草药8 000多千克、官渡兽医站每年发放中草药5 000多千克。

2. 经济实惠，效果好

在预防方面，浏阳历史上就有给耕牛服四季药（太平药）的习惯，特别是20世纪70年代实行"耕牛保健"（每季度检查不少于1次，每年4~8次，检查不收费；每季度服太平药2副，每副中草药0.8~1.5元），几乎每头牛都服太平药，大大减少了耕牛疾病的发生。如当时的永安公社有耕牛1 300多头，每头牛每年服8副中草药（每季2副），按每副中草药0.8千克计算，每年发放预防药8吨以上。当时，浏阳县存栏耕牛5万多头，需服用预防药320多吨。在治疗疾病方面，内科、外科、产科等都离不开中草药，有些最常见的病（如仔猪白痢、牛瘤胃积食、臌气、流感、乳房炎、缺乳、风湿性疾病等）用中草药治疗效果更好、安全可靠，且价格便宜，深受群众欢迎。

（二）中草药采集与加工

1. 采药

浏阳市历来就有上山采药的习俗，每年春、秋两季，各兽医站都集中组织人员到大围山、连云山、道吾山等山区采集中草药，每年采回的中草药在50万千克以上，除本市使用外，还出售到外地。

2. 栽培

一直以来，浏阳市民间兽医人员和兽医站对常用的中草药进行栽培。高峰之时，浏阳市共栽培中草药达250多个品种，栽种面积200多亩*。如沙市畜

---

* 亩为非法定计量单位。1亩=1/15公顷。

牧兽医站，每年栽培 5 亩多药材，品种达 120 多个。

3. 加工

（1）制剂。随着中草药的大力发展，药物加工技术也不断提高，先有煎剂、粉剂、丸剂、膏剂。20 世纪 70 年代，又掀起了中草药西制的高潮，浏阳县共有中草药制剂室 19 个。其中，区站联办的 5 个、公社办的 14 个。生产注射液有黄连素注射液、柴胡注射液、鱼腥草注射液、茵陈注射液、地蜈蚣注射液、银黄注射液、三花注射液、三黄注射液、穿心莲注射液、地龙注射液、白头翁注射液 11 个品种，片剂有穿心莲片、黄连素片、补血片 3 个品种，散剂有止痢散、健胃散、消炎散、通关散、白头翁散、癫药 6 个品种。如沙市制剂室，1973 年由沙市区畜牧水产站创办，主要产品有黄连素注射液、穿心莲注射液、土霉素片、苏打片、安乃近、氨基比林注射液等 20 多个品种，1995 年停办。

（2）"丹药"配制。经长期实践工作，浏阳市北盛镇畜牧兽医站中兽医田保和、肖鸣、鲁树林等研制出一种治疗猪病的特效药"丹药"（俗称"吊丹"）。①组方：砒霜、斑蝥、黑砂、雄黄各适量。②制作方法：将上述药物研粉，用糯米煮成饭放置在平整的玻璃板上，倒入上述药粉，用小铁皮铲充分拌匀，搓成细条状（为防止损伤手部皮肤或中毒，须戴塑料手套），切成小粒（豆粒大小），晾干装瓶备用。③使用方法：用铁针刺开猪卡耳穴（耳朵），将制好的丹药埋入皮下，再用布条蘸桐油烧局部，24～48 小时后明显好转，1 周左右恢复正常（应供给充足饮水）。④适应病症：猪无名高热等疾病。

（3）"健鱼灵"配制。健鱼灵是 20 世纪 80 年代中期由浏阳市水产站水产工程师孙凤岗、胡天佑等研发的防治鱼病的中草药，经实践证明效果好，深受广大养鱼户的欢迎。①适应病症：草鱼病毒性出血病、细菌性烂鳃病、赤皮病、肠炎病以及鲢、鳙细菌暴发性出血病。②组方：大黄 15%、人中黄 5%、黄芩 15%、黄柏 15%、黄连 5%、金银花藤 5%、海金沙 5%、石菖蒲 10%、辣蓼草 10%、青蒿 10%、生石膏 5%。③加工方法：将上述药物晒干碎粉，过 60 目筛，充分拌匀包装。④用法用量：用面粉煮熟作黏合剂，冷却后拌鱼药、拌草喂鱼（面粉与鱼药比为 1：1）。预防鱼病：5—6 月每 50 千克鱼用药 200 克，每月 1 次；治疗鱼病：每 50 千克鱼用药 200 克，每天 1 次，连用 5 天为一个疗程。

三、常用中草药

（一）常用中草药名称

这部分收集了民间中兽医最常用、效果好、易采集的中草药 540 多种。其中，植物类 131 科 452 种、动物类 42 科 58 种、矿物类 33 种。

1. 植物类药物

多孔菌科：茯苓、灵芝、雷丸；肉座菌科：竹黄；灰包科：马勃；水绵科：水绵；石松科：千层塔、伸筋草；卷柏科：卷柏；木贼科：木贼；海金沙科：海金沙；凤尾蕨科：凤尾草；乌毛蕨科：贯众；水龙骨科：骨碎补、石韦；苹科：槐叶苹；苏铁科：苏铁；银杏科：银杏；松科：马尾松；杉科：杉木；柏科：侧柏；三白草科：鱼腥草、三白草；杨柳科：垂柳、水杨柳；杨梅科：杨梅；壳斗科：板栗、茅栗、苦果；桑科：薜荔、桑叶、无花果、琴叶榕、桑椹；荨麻科：苎麻；桑寄生科：桑寄生；马兜铃科：马兜铃、杜衡、大花细辛；蓼科：金钱草、荞麦、萹蓄、毛蓼、虎杖、水蓼、何首乌、杠板归、土大黄；藜科：土荆芥、地肤子；苋科：牛膝、青葙、鸡冠花；商陆科：商陆；马齿苋科：马齿苋；石竹科：瞿麦、王不留行；睡莲科：芡实、莲子；毛茛科：乌头、草乌头、山木通、黄连、芍药、牡丹、毛茛、天葵；木通科：大血藤；小檗科：土黄连、土黄柏、八角莲（独角莲）、十大功劳、淫羊藿（羊合叶）、南天竹；防己科：木防己、白药子、青牛胆；木兰科：南五味子（内红消）、过山龙、辛夷、厚朴；樟科：樟、桂皮、乌药、三钻风、荜澄茄（毛叶木姜子）、楠木；罂科：延胡索、博落回；十字花科：萝卜；景天科：景天、土三七；虎耳草科：虎皮草、虎耳草；海桐科：海桐；金缕梅科：路路通（枫树果实）、檵木；杜仲科：杜仲；蔷薇科：仙鹤草、木瓜、山楂、蛇莓、枇杷、水杨梅、湖北海棠、石楠、翻白草、五爪龙、杏仁、乌梅、桃仁、樱桃、郁李仁、月季花、小金樱、金樱子、野蔷薇、玫瑰、覆盆子、三月泡、插田泡、乌泡子、蛇泡、蛇乌泡、地榆；豆科：田皂角、合欢皮、花生、黄芪、紫云英、龙须藤、百鸟不站（楤木）、壮筋草、刀豆、绣花针、山扁豆、望江南、决明子、野百合、山蚂蝗、金钱草、扁豆、山绿豆、野扁豆、皂荚、猪牙皂、大豆、肥皂荚、铁扫帚、鸡眼草、夜关门、铁马鞭、鸡血藤、含羞草、油麻藤、赤豆、绿豆、豌豆、补骨脂、野葛、苦参；卫矛科：南蛇藤、雷公藤、白杜、扶芳藤；蒺藜科：蒺藜；芸香科：吴茱萸、黄柏、野花椒、苦木；楝科：苦楝树、川楝；大戟科：巴豆、大戟、石岩枫、叶下珠、蓖麻、山乌桕；黄杨科：盐肤木、枸骨、四季青；七叶树科：七叶黄荆；槭树科：红翅槭、地锦槭、鸡爪槭、色木槭（五角枫）；无患子科：倒地铃、无患子；清风藤科：泡花树、笔罗子、青风藤；凤仙花科：指甲花；鼠李科：黄鳝藤、勾儿茶、鸡爪梨、黎辣根、红枣；葡萄科：蛇葡萄、白蔹、异叶爬山虎（三角风）、金钱吊葫芦、葡萄；杜茱科：冬桃；椴树科：假黄麻；锦葵科：冬葵子、木芙蓉、木槿、野西瓜苗、拔毒散、地桃花；梧桐科：梧桐；猕猴桃科：猕猴桃、狗枣子；山茶科：黄瑞木、山茶花、茶油、茶叶、野茶子、木荷；藤黄科：黄海棠、小连翘、田基黄、刘寄奴；柽柳科：柽树；堇菜科：南山堇菜、地白草、犁头草、铧头草、紫花地丁；大风子科：柞木；秋海棠科：美丽秋海棠、秋海棠、山海棠；仙人掌科：仙人掌、仙人球；瑞香科：芫花、黄瑞香、了哥王；胡颓子科：木半夏、胡颓子；千屈菜科：紫薇、节节菜、水苋菜、石榴；蓝果树科：喜树；八角枫科：八角枫；桃金娘科：赤楠、大叶桉、野牡丹、地菍、天香炉、朝天罐；菱科：菱；柳叶菜科：过塘蛇、丁香蓼、待宵草；五加科：三七、人参、五加皮、枫荷梨、常春藤、通草；伞形科：白芷、隔山香、川芎、前胡、积雪草、蛇床子、鹤虱草、胡萝卜、茴香、藁本；山茱萸科：山茱萸；杜鹃花科：迎山花、杜鹃花；紫金牛科：朱砂根、紫金牛、空心花；报春花科：金钱草、珍珠草；蓝雪科：白雪丹；柿树科：柿矾；山矾科：泡花子；野茉莉科：赤杨叶；木樨科：连翘、破骨风、茉莉花、女贞子、桂花；龙胆科：龙胆；夹竹桃科：夹竹桃、钻骨风；萝藦科：白薇、白前、牛皮消；旋花科：牵牛子、牵牛草、牵牛花、菟丝花；紫草科：附地菜；马鞭草科：珍珠风、紫珠、臭牡丹、大青根、臭梧桐、马鞭草、黄荆子；唇形科：藿香、盘骨草、白毛夏枯草、香薷、山香、益母草、野薄荷、仙人草、香菇、紫苏、夏枯球、丹参、荆芥、草石蚕、血见愁；忍冬科：忍冬藤、金银花、陆英；败酱科：败酱草；川续断科：川续断；葫芦科：木鳖子、瓜蒌；桔梗科：半边莲、桔梗；菊科：艾叶、茵陈蒿、牛蒡子、苍术、白术、木香、大蓟、菊花、丘疟草、羊蹄草、墨芡菜、秤杆草、三七草、旋覆、马兰、千里光、豨莶草、蒲公英、苍术、百日草；茄科：辣椒、朝天椒、曼陀罗、枸杞、凉粉草、酸浆、天泡草、龙须参、烟草、紫花茄、白英、龙葵、颠茄；玄参科：假马齿苋、虮婆草、定经草、泥花草、母草、田野菜、泡枫树、桐、地黄、铃茵陈、玄参、婆婆纳、四方麻、钓鱼草；紫葳科：凌霄花、梓白皮；胡麻科：芝麻、野菰；苦苣苔科：猫耳朵、石吊兰；爵床科：穿心莲、狗肝菜、九头狮子草、爵床；透骨草科：透骨草、车前草；茜草科：虎刺、鸡筋参、香果树、黄栀子、铺地蜈蚣、白花蛇舌草、鸡矢藤、蒿草、路边荆、钩藤；黑山棱科：三棱；泽泻科：泽泻、慈姑；木鳖科：龙舌草；禾本科：竹黄、薏米、白茅根、淡竹叶、芦苇、狗尾草；莎草科：香附；天南星科：石菖蒲、南星、芋、半夏、大藻、水菖蒲、犁头尖、独白莲；浮萍科：浮萍；谷精草科：谷精草；鸭跖草科：鸭跖草、小竹叶；雨久花科：鸭舌草；灯心草科：灯心草；百部科：百部；百合科：葱、天门冬、浙贝母、百合、麦冬、七叶一枝花、黄精、玉竹、万年青、土茯苓、开口箭、藜芦；石蒜科：仙茅、石蒜；薯芋科：火薯、黄药子、萆薢；鸢尾科：射干；芭蕉科：芭蕉；姜科：砂仁、郁金、姜；兰科：白及、石斛、天麻。

2. 动物类药物

水蛭科：水蛭；蜗牛科：蜗牛；蚬科：蚌壳；丽蝇科：五谷虫；溪虾科：

螃蟹；跳蛛科；蝇虎；园蛛科：花蜘蛛；蜈蚣科：蜈蚣；蚊蜻蛉科：蚊蜻蛉；蜓科：蜻蜓；蜚蠊科：蟑螂、土鳖、杂蚁婆；鼻白蚁科：白蚁；蚁科：黑蚁；螳螂科：螳螂、小刀螂；蟋蟀科：蟋蟀；蝼蛄科：蝼蛄；野螟科：钻秆虫；粉蝶科：白粉蝶；蚕蛾科：蚕蛹、蚕沙、僵蚕；芫菁科：斑蝥；胡蜂科：赤翅蜂、大黄蜂、蜂房、蜂蜜、蜂蜡；鲤科：鲤、鲢、鳙；鳅科：泥鳅；钳蝎科：全蝎；乌贼科：乌贼骨；蟾蜍科：蟾蜍；蛙科：青蛙、石蛙；龟科：乌龟、龟甲；鳖科：甲鱼；壁虎科：壁虎；游蛇科：乌梢蛇；眼镜蛇科：眼镜蛇；蝰科：竹叶青；石龙子科：石龙子；鹭科：白鹤；游蛇科：蛇蜕；雉科：山鸡、鸡内金；蝉科：蝉蜕；鸠鸽科：山斑鸠、鸽；蝙蝠科：夜明砂；鲍科：石决明；鲮鲤科：穿山甲、甲片。

3. 矿物类药物

朱砂、自然铜、红粉、轻粉、石膏、芒硝、龙骨、铁锈、铜绿、磁石、雄黄、方解石、珍珠、炉甘石、南寒水石、硼砂、铅丹、信石、明矾、玄精石、滑石、阳起石、元明粉、紫英石、云母、伏龙肝、硫黄、凤凰衣、白矾、枯矾、百草霜、代赭石、大青盐。

（二）中草药的性能

药物的性能是指药物与疗效有关的性味和效能。主要有四气五味、升降浮沉、归经等。

1. 四气五味

四气五味是指中药性能的主要内容，用以表示药物的药性和药味两个方面。

（1）四气（四性）。四气是指寒、热、温、凉4种不同的药性。寒热与温凉实际上归属于阴和阳两大类，寒与凉为阴，热与温为阳。还有一种介于寒凉和温热之间的，称为平性。一般来说，寒凉性的药具有清热、泻火、凉血、解毒的作用；温热性的药具有温里、散寒、助阳、通络的作用。寒凉药用来治疗热性病，寒性病用温药治之。所以，《素问》中说："寒者热之，热者寒之""调其气使平也"。这正是指出应用药物四气治疗疾病的原则。

（2）五味。五味是指辛、酸、甘、苦、咸5种药味。辛（辣）味的药能发汗解表、行气止痛，多用于治疗表证（如麻黄、桂枝）。酸味的药能涩肠固脱、收敛止血，多用于泄泻之症（如石榴皮、五味子）。甘味的药有滋补与缓和的作用（如黄芪、甘草）。苦味的药能清热燥湿、泄降，多用于热证、实证（如黄连、大黄）。咸味的药能软坚散结、润肠通便（如芒硝、海藻）。另外，有些带涩味的药也有收敛止血作用（如茱萸、诃子）。还有一种味淡的药，能渗湿利水（如茯苓、通草）。

2. 升降浮沉

升降浮沉是指药物进入机体后的作用趋向，是与疾病表现的趋向相对应而言的。升是上升，降是下降，浮是发散，沉是泻痢的意思。升浮主要是趋向于上，沉降主要是趋向于下。升极则浮，降极则沉。升和浮、降和沉之间只是程度上的差别。

3. 归经

药物除了四气五味、升降浮沉等性能外，中兽医还从临床实践中，认识到某些药物对某些脏腑、经络的病证有着特殊的医疗作用，而对其他脏腑、经络则作用较小或没有明显的作用，这样便形成了归经的理论。

（三）中草药分类及用量

1. 解表药（表2-1）

表2-1 解表药的作用及用量

药　名	作　　用	用量（克）	
		猪	牛
麻黄	解表、发汗、平喘、利水	3～6	10～22
荆芥	清热、祛风、止血、解表	6～10	15～60
防风	祛风、止痛、治目赤、头晕	6～15	25～60
桂枝	解表、发汗、温通经络、利关节	3～10	12～30
薄荷	祛风、化痰、散热、利水、消肿	3～10	15～30
葛根	发汗、退热、止泻、止渴、生津	6～20	25～60
柴胡	解表、退热、升阳、和中	3～15	15～60
升麻	清热解毒、升阳举陷	3～6	15～30
蝉蜕	散风热、解痉、退目翳	3～15	15～60

2. 清热、泻火、解毒药（表2-2）

表2-2 清热、泻火、解毒药的作用及用量

药　名	作　　用	用量（克）	
		猪	牛
黄栀子	清热泻火、利肝止血	6～15	15～30
石膏	清热降火、止渴生津	6～15	15～30
黄连	泻火燥湿、止痢、明目	3～6	15～30
黄芩	泻肝火、祛湿、解毒	3～10	15～50
黄柏	泻火、除湿、明目	3～10	15～40

（续）

药　名	作　用	用量（克）	
		猪	牛
龙胆草	泻肝胆火、除湿热	3～15	15～60
茵陈	清热、祛湿、利水、除黄	6～10	15～30
黄药子	凉血平喘、外治疮黄	6～25	20～60
板蓝根	清热解毒、凉血、利咽	3～12	15～60
地丁	清热解毒、消肿	6～12	50～100
甘草	清热解毒、调和诸药	2～6	10～30
金银花	清热解毒、调和诸药	3～12	20～60
连翘	清热解毒、散结消肿	6～20	15～60
蒲公英	清热解毒、调和诸药	6～25	25～60
绿豆	清热解毒、明目	60～150	250～500
射干	清热解毒、祛痰利咽	6～12	15～45
山豆根	清热解毒、利咽	6～12	15～45

3. 祛寒药（表2-3）

表2-3　祛寒药的作用及用量

药　名	作　用	用量（克）	
		猪	牛
肉桂	散寒温中、活血止痛	3～10	15～30
附子	回阳救逆、逐风寒	3～10	10～15
干姜	温中、祛寒、回阳、通脉	3～10	10～25
吴茱萸	祛风散寒、温中燥湿	3～10	10～30
小茴香	逐风祛寒、健脾暖胃	3～10	15～60

4. 祛暑药（表2-4）

表2-4　祛暑药的作用及用量

药　名	作　用	用量（克）	
		猪	牛
香薷	清水除湿、利尿消肿	3～12	15～50
藿香	升清降浊、化湿和胃	3～12	12～40
青蒿	清暑祛热、明目	3～20	20～60
荷叶	清热解暑、升发清阳	12～18	30～90

（续）

药 名	作　　　用	用量（克）	
		猪	牛
白扁豆	消暑化湿、和中健脾	6～12	20～45
苦瓜	清热解毒、消暑泻火、健胃	6～120	250～500

5. 祛风止痛药（表2-5）

表2-5　祛风止痛药的作用及用量

药 名	作　　　用	用量（克）	
		猪	牛
羌活	发汗、解表、祛风、镇痛	3～20	20～60
独活	发汗、解表、除湿、止痛	3～20	15～60
乌蛇	祛风止痛、消除烂疮	2～6	10～15
延胡索	镇痉、镇痛、活血	3～10	20～50
赤芍	活血、止痛、益脾、暖肝	3～12	15～50
白芍	活血、镇痛、镇静	3～12	15～50
五加皮	祛风湿、补脾、强筋	6～20	25～60
藁本	祛风、祛湿、解表、止痛	3～12	12～30
威灵仙	祛风通筋、止痛、消肿	3～20	20～60
海桐皮	祛风湿、止痛、治癞	6～25	20～60

6. 健胃理气药（表2-6）

表2-6　健胃理气药的作用及用量

药 名	作　　　用	用量（克）	
		猪	牛
厚朴	温中、燥湿、破积、下气	8～20	18～50
枳实	破气、消积、宽肠	8～20	18～50
枳壳	健胃、行气	8～25	18～50
苍术	健胃、燥湿、利水	4～20	18～60
砂仁	行气、宽中、温脾、安胎、止痛	8～20	18～50
陈皮	理气、健脾、化痰	10～25	18～50
山楂	消积、破气、散瘀、化痰	10～20	30～60
神曲	健脾、开胃、消食、行气、止泻	10～25	25～35
木香	舒肝、调气、止痛、安胎、和胃	6～15	15～30

（续）

药　名	作　　用	用量（克）	
		猪	牛
麦芽	消食、除满、和中、健脾	10～35	30～60
香附	理气、和血、止痛、安胎	12～30	30～60
青皮	破气、散结、舒肝、消积、止痛	6～25	15～30
乌药	顺气、止痛、消食	6～25	15～60
莱菔子	消食、下气、消胀、平喘	10～25	25～35

7. 下泻与逐水药（表2-7）

表2-7　下泻与逐水药的作用及用量

药　名	作　　用	用量（克）	
		猪	牛
朴硝	攻下药，软坚、祛肠胃实热、积滞	25～60	250～500
大黄	攻下药，除肠胃积滞、泻火、行水	6～15	25～50
芦荟	攻下药，胃热、结症、水肿	6～15	20～35
郁李仁	润下药，润燥、滑肠、利水	6～25	30～60
麻仁油	润下药，消燥、滑肠、利水	100～150	120～250
大戟	逐水药，利大小便	2～6	10～15
牵牛子	逐水药，通利大小便、逐痰消饮	2～3	15～25
芫花	逐水药，除水肿、利大小便	2～6	5～15
甘遂	逐水药，通利大小便	2～6	5～12
番泻叶	泻热导滞	6～10	30～60
巴豆	逐水退肿、泻下寒积	1.5～3	10～15

8. 驱虫与杀虫药（表2-8）

表2-8　驱虫与杀虫药的作用及用量

药　名	作　　用	用量（克）	
		猪	牛
槟榔	消胀、利水、杀虫	6～12	30～60
贯众	杀虫、消热、解毒、散瘀	15～25	30～60
使君子	驱虫、健胃、消虫积	12～30	30～60
雷丸	杀虫、消积	6～20	20～50
芜荑	杀虫、消积、除湿	6～10	12～25

（续）

药 名	作　　用	用量（克）	
		猪	牛
大蒜	杀虫、健胃、解毒	6～15	22～32
石榴皮	杀虫、涩肠、敛肾	3～6	20～30
大风子	杀虫、攻毒	—	6～20
鹤虱	杀虫	3～6	15～50

9. 涌吐药（表 2 - 9）

表 2 - 9　涌吐药的作用及用量

药 名	作　　用	用量（克）	
		猪	牛
藜芦	吐风痰、杀虫、外用治疥癣	2～6	10～25
瓜蒂	催吐、除湿	3～10	30～60
食盐	涌吐、润燥、泻热凉血	10～15	30～60

10. 固涩药（表 2 - 10）

表 2 - 10　固涩药的作用及用量

药 名	作　　用	用量（克）	
		猪	牛
肉豆蔻	涩肠、止痢、暖胃、健脾、除寒	6～15	20～30
诃子	涩肠、止痢、敛肺、止咳、温脾	3～6	15～35
乌梅	涩肠、敛肺、止渴、生津、杀虫	3～15	15～50
柿干	润肺、凉血、敛肠	6～30	30～100
龙骨	收敛、涩肠、软坚	3～10	10～30
五味子	敛肺、固肠、止泻	3～20	20～35
牡蛎	固精、涩肠、软坚	6～30	30～60
五倍子	涩肠止泻、止血、止咳	3～10	10～35

11. 渗湿利水药（表 2 - 11）

表 2 - 11　渗湿利水药的作用及用量

药 名	作　　用	用量（克）	
		猪	牛
车前子	利水泻热、通淋除湿	6～15	15～35

（续）

药名	作　用	用量（克）	
		猪	牛
木通	引导湿热、利水、消肿	6～10	20～30
茯苓	利水消肿、渗湿、健脾	6～20	25～60
泽泻	利水渗湿、消肿、止泻	3～10	15～30
滑石	利水渗湿、消水止渴	6～30	15～60
猪苓	通淋除湿，消水肿、水泄	10～15	20～50

12. 芳香开窍药（表2－12）

表2－12　芳香开窍药的作用及用量

药　名	作　用	用量（克）	
		猪	牛
石菖蒲	理气活血、祛风宣湿	3～10	20～60
细辛	散风开窍、风寒湿脾	1～3	10～15
皂角	通窍散风、消胀逐痰	1～3	10～30
麝香	通窍辟秽、祛风解表	0.15～1	0.6～3
蟾酥	拔毒止痛、消黄散肿	0.2～0.9	1～3
牛黄	豁痰开窍、息风定惊	0.2～2.4	3～12

13. 止咳、化痰、平喘药（表2－13）

表2－13　止咳、化痰、平喘药的作用及用量

药　名	作　用	用量（克）	
		猪	牛
桔梗	镇咳、化痰、益气、散寒	6～20	20～40
款冬花	平喘、止咳、下气、润肺	3～10	25～50
杏仁	润肺、止咳、化痰	3～15	15～30
苏子	发汗、祛寒、下气、定喘	3～6	18～25
知母	清肺、泻火、止渴、祛痰	3～12	12～15
贝母	清热、祛痰、镇咳、润肺	3～10	10～30
半夏	化痰、降气、止呕	3～10	15～45
百部	润肺、下气、化痰、杀虫	3～10	15～30
枇杷叶	清肺、化痰、解暑、止渴	3～10	25～50
葶苈	行水、消肿、平喘	3～10	15～25

14. 安神镇静药（表2-14）

表2-14　安神镇静药的作用及用量

药　名	作　　　用	用量（克）	
		猪	牛
朱砂	定神、安神、镇痉、解毒	0.6～1.2	3～10
酸枣仁	安神定心	3～12	15～60
远志	强心安神、消痛化痰	3～10	15～50
天麻	祛风解表、镇痉挛、壮筋骨	3～12	15～30
全蝎	祛风解表、镇痉	3～10	15～30
白僵蚕	祛风解表、镇痉	6～12	15～60
茯神	宁心安神、镇痉止痛	6～15	20～50

15. 理血止血药（表2-15）

表2-15　理血止血药的作用及用量

药　名	作　　　用	用量（克）	
		猪	牛
当归	补血、活血、润燥、滑肠	6～20	30～80
川芎	祛风止痛、顺气活血、长肉排脓	6～12	15～50
红花	破瘀生新、活血止痛、消肿通经	3～6	10～30
乳香	调气活血、舒筋止痛、消肿托毒	6～20	15～30
牡丹皮	清血热、散瘀血	6～15	12～30
桃仁	破血行瘀、滑肠	3～15	15～30
地黄	清热凉血、滋肾补阴	6～15	30～60
地榆	收敛凉血、止血止痛	3～12	12～30
没药	散血消肿、行气止痛、生肌	3～10	15～30
蒲黄	行血止血、通经利水	3～15	15～30
血竭	散瘀生新、活血止痛	3～6	12～20
白及	补肺止血、逐瘀生新、疗疮止痛	3～6	12～30
茜草	退热、凉血、生血、止血、去瘀	6～15	30～100
自然铜	散瘀止痛、续筋	6～15	15～50

16. 补养药（表2-16）

表2-16　补养药的作用及用量

药　名	作　　用	用量（克）	
		猪	牛
党参	补中益气、生津止渴	6～15	20～60
黄芪	补气固表、托毒生肌	6～20	15～60
山药	健脾补肾、清热益肺	15～25	20～60
肉苁蓉	补肾益精、润燥滑肠	6～12	15～60
杜仲	补肝暖肾、强筋安胎	6～15	15～60
白术	补脾益气、固表止汗	10～15	20～60
续断	补肝肾、壮筋骨、破血	6～20	25～50
牛膝	补肝肾、强筋骨、通血脉	—	25～30
阿胶	补血润肺、益气安胎	6～15	25～60
熟地	滋肾养阴、补血生精	—	25～60
巴戟天	暖肾祛风、强骨补精	3～10	10～30
菟丝子	补肝肾、益精、壮阳	—	15～30
山茱萸	补肝肾、益精、壮阳	6～15	15～60
枸杞子	补肝肾、明目润肺、强筋骨	6～15	15～60

17. 平肝明目药（表2-17）

表2-17　平肝明目药的作用及用量

药　名	作　　用	用量（克）	
		猪	牛
石决明	祛风清热、明目退翳	6～15	20～50
草决明	泻肝风热、明目、润肠	6～15	15～30
木贼草	疏风清热、明目退翳	10～20	20～30
谷精草	清热散风、明目	6～10	15～30
菊花	祛风热、明目、解毒	6～20	15～30
夜明砂	清热活血、明目退翳	6～12	15～50
青葙子	祛风清热、明目退翳	3～12	15～30

18. 催情、催乳药（表 2 – 18）

表 2 – 18　催情、催乳药的作用及用量

药　名	作　　用	用量（克）	
		猪	牛
淫羊藿	祛风除湿、益肝、补肾	3～15	10～30
阳起石	壮阳益精、补命门不足	—	15～60
王不留行	下乳、通经、行血	3～10	25～60
通草	利尿、清肺、下乳、行气	3～10	10～22
穿山甲	散血通络、消肿、下乳	3～10	12～30
乳藤	补气血、生津、下乳	250～500	500～1 000
何首乌	补肝滋肾、养血壮精	15～25	15～30

四、方剂的组成

（一）组成原则

方剂的组成原则：一般为主、辅、佐、使 4 个方面。在组方时，首先必须辨证明确，抓住主要矛盾；然后，根据处方的要求和具体病情的需要进行选药组方。这样才能使方药少而精、配伍严谨，以提高疗效。

1. 主药

处方中对病因或主证起主要治疗作用的药物，可选用一味或两味以上，以解决主要矛盾。

2. 辅药

辅助主药更好地发挥治疗作用的药物。

3. 佐药

一是指治疗兼证的药物；二是指在方中起监制作用的药物，即能消除或缓和方中某些药物的毒性或烈性的药物。

4. 使药

能引导他药直达病所或起协调作用的药物。

（二）加减变化

方剂既要有它的组成原则，同时在应用成方时也应注意随证加减变化。应根据病情、体质、年龄、畜别的不同，以及饲养、管理、使役、气候、地域的差异，灵活化裁，加减使用，才能切合病性，收到预期的治疗效果。常用的加减变化，有以下几种。

1. 药味增减的变化

药味增减的变化是指主证未变、兼证不同的情况下，方中主药仍然不变，而根据病情的变化，对于其他药味可随证加减。这是在运用成方时经常遇到的一种增减变化方式。

2. 药物配伍的变化

药物配伍的变化是指方剂中主药不变而配伍药物发生改变，有时可直接影响该方剂的主药作用。

3. 药量加减的变化

药量加减的变化是指组方的药物不变，某些药物的药量有了增减变化，就改变了其功能和主治，甚至方名也因此而改变。总之，作为方剂的主药，用量一般较大，但不等于每个方剂中药量最大的就是主药。此外，在组方时，既要继承前人的经验，也要注意结合现代实际，具体情况具体分析，对于提高疗效有着重要的意义。

第三部分　中兽医防治经验

中兽医学是中华民族传统文化的宝贵遗产，其基本理论与中医学一脉相承，是历代劳动人民同家畜疾病进行斗争的经验总结。在明代，喻本元、喻本亨兄弟所著的《元亨疗马集》就是一部兽医经典著作，之后还有更多学者为中兽医发展作出贡献。

中兽医学以阴阳、五行、脏腑和经络学说为基本理论，以气、血、精、津、液为其活动的物质基础，按辨证论治原则进行畜病的诊断和治疗，并以理、法、方、药、针构成完整的中兽医学术体系。

辨证论治是中兽医理、法、方、药、针在临床上的具体运用，通过四诊认识和判断疾病的过程与方法。论治是根据病情确定标、本、缓、急的治疗原则，并根据疾病情况选取汗、吐、下、和、温、清、补、消等正确的治疗方法。我国古代遗留的中兽医学专著十分丰富，如《司牧安骥集》《元亨疗马集》《牛经大全》等。流传在民间的中兽医经验更是丰富多彩，本部分收集了浏阳市老中兽医防治家畜疾病的经验（歌诀），供临床借鉴并加以提高。

>>> 上篇　总　　论 <<<

一、医牛辨证歌诀

医牛必须先辨证，阴阳二证为总纲，望闻问切称四诊，
综合分类八证论，寒热虚实表里证，邪正二证再加上。
寒证本是阴胜阳，风寒湿邪三气伤，寒凝气血循行慢，
脉象沉迟不顺畅，浑身恶颤是怯寒，耳鼻冰冷口青黄，
起卧不安肠内痛，回头望腹不出汗，腹鸣如雷是泄泻，
冷水冻草胃内寒，辛甘苦味健脾药，葱酒发散定无恙。
热证本是阳胜阴，暑燥火气三因侵，热盛气血循行快，

脉象洪数体温升，口内红赤并作咳，见水急饮热气升，
神乱昏迷头低下，大便干燥排粪难，小便短赤有痛感，
血热壅滞生黄疸，清凉解热解毒医，通利二便药相随。
虚证本是身体虚，久病气血俱伤败，饥饱劳役内因起，
身形羸瘦脉象迟，毛枯翻乱肌肉减，四肢虚肿步不稳，
头低耳聋精神少，咳嗽连声流脓涕，眼光迟钝色无光，
大汗大泻病末期，处方用药扶正气，正气旺盛邪气除。
实证之病为结实，结在体中生痈瘰，皮肤结实生黄肿，
肌肉结实生痈疽，筋骨胀大骨有结，咽喉结实则闭塞，
肠胃结实粪不通，小便结实尿淋滴，结实之证多疼痛，
残留不除实转虚，医治实证不一定，根据辨证再论治。
表证本为体外生，风寒虚湿都可起，寒热虚实表证分，
各现症状可以辨，表寒皮冷口色白，口热无汗颈背硬；
表热身热口亦热，耳热筋露透至尖，角尖温热口色赤，
表虚自汗脉浮弱；表实恶寒身发颤，脉浮有力不出汗。
里证本是体内生，表证入里病转深，里有寒热并虚实，
临症看病要分清。里寒泄泻口不渴，口舌青白四肢冷，
里热口渴急饮水，口舌赤黄又发热，里虚呼吸力短浅，
头低耳聋少精神；里实腹满而坚实，便秘喘气脉沉强。
邪证即是不正常，原因不同分阴阳，热侵心神称阳邪，
狂奔急走不停脚，浑身肉颤眼又急，东西乱撞逢人斗，
精神恍惚体流汗；阴邪之症行走痴，首颈偏斜头垂地，
痰迷心窍倒地上，宁心镇神治阳邪，阴邪治疗用麝香。
正证牛体是健康，喂养适宜气血旺，劳役合理不太过，
夏凉棚来冬暖栏，夏不受暑冬不寒，调养得宜寿命长。

（一）望诊辨证歌诀

诊疗辨证先观望，详看病牛行走样，姿势颜色与精神，
外表症状连内脏，观看之时休慌忙，有病无病看细详，
先行距离十步远，获得牛体总印象，然后靠近牛身体，
从头至尾仔细看。无病之牛毛光滑，行走轻健步安详，
口内颜色桃花样，休息喜卧倒嚼忙，黄牛喜舔身上毛，
水牛天热浴水塘，鼻上不干珍珠汗，粪便半干半稀状。
有病之后变了样，浑身被毛翻卷乱，倒嚼停止鼻无汗，
精神倦怠吃草缓，行走缓慢或狂乱，头低耳聋是病状。

1. 望病牛精神形态歌

心经火盛似马奔，四肢不停脚有劲，心黄肝黄脑生黄，
都是急奔脚不停，若是痰迷心窍后，病牛倒地四脚蹬。
精神旺盛内有热，精神倦怠多受寒，肝肺有热不停脚，
向左盘旋拉磨转，若是走至喜饮冷，木焚火化命归阴。
心内有痛头左回，右侧靠地头靠胸。肝血亏痛实难忍，
时起时卧不停身。脾虚无力运水液，宿水停脐腹下沉。
草肚停滞与鼓胀，背拱腹胀嗳气停。百叶肚内津液干，
皮焦毛枯腹上缩，胃肠受寒冷气痛，卧地头回左靠腹。
卧地前呆后身活，定是肝热又受风，若是前活后身呆，
此病多是湿伤肾。病牛站立如木马，肢体僵硬是受风。
若至流涎牙关转，破皮产后都无救。四肢难移久受湿，
胆胀狂走叫声高。肝内受风腹内胀，双目朝天脚踏空。
脚上有痛愿踩地，提起脚来痛难当。蹄部有痛愿提脚，
踩地着实痛难忍。虚行下地漏蹄痛，蓦地点脚攒筋痛。
胸前疼痛愿上岭，若是下坡横斜行。行走站立自惊恐，
心神虚弱胆怯畏。卧地不起时间久，心肺伤败气血亏。

2. 望耳皮毛歌

健康之牛耳常扇，牙耳活泼驱蚊蝇，心内热盛疯狗咬，
两耳惊诧向上伸。肾内受湿心血虚，两耳下垂少精神，
暑伤体表病初始，耳背血筋怒张现。风寒之证初发时，
耳背血筋缩不见。冬季牛毛厚绒密，抵御寒冷似棉衣，
来年夏至不褪换，心肺有病毛焦枯。脊毛属心为内应，
枯灼不换心蕴热。肝脏胆腑受风热，眼毛均脱双目睁，
若是肝胆受寒湿，眼毛脱落双目眯。脾胃受湿膝毛脱，
尾尖毛脱湿伤肺。皮生水泡为痘疮，皮黏骨头体内虚。

3. 望食欲咀嚼歌

牛有四肚能倒嚼，倒嚼料草复又吞，若是心神患散乱，
空口咀嚼无食吞。口舌生疮心有热，咀嚼料草痛难当。
食管麻木不吞料，嚼后吞痛咽喉痛，牙关转闭难开口，
难吃料草腹内饥。见水急饮腹内热，口干无润饮不咽。
牛吃料草减少量，病牛见之在病初。病后医治逐增食，
见此表现病渐愈。病畜一停食数天，突然抢吃命不长。

4. 望牛眼睛歌

健康之牛眼有神，湿润透明有光力，五脏精华上注目，

眼目外应内连肝，白珠属肺黑属肝，瞳云属肾皆属心，
眼胞属脾又应肝，病牛白珠青蓝色，肝木生火把肺伤，
白珠青赤黑睛转。肺受暑热又伤肝，目珠怒张急转动。
双目邪视见心黄，目生翳膜眼又肿。风热入腑生白边，
若是翳膜生白边，定为暑湿入五脏，眼内昏暗生碧晕。
暑热入肾又侵肝，瞳孔黑珠白蓝色，肝肾受风此症状，
肾水枯灼无泪水，瞳孔青浊又缩小，瞳孔放大即刻死。
此谓肾水飞散光，要看眼内结合膜，双手扭角转一边，
食拇二指翻眼睑。眼膜桃花是健康，肝胆有热现红色，
热极赤色毒发黄。肝胆受寒为白色，寒极青色毒青蓝，
若是呈现赤紫色，定为死症命不长。久病眼陷珠不转，
呆痴不动无救方。两眼汪汪是胆胀，辨证运用推端祥。

5. 望口内颜色歌

春秋冬季桃花红，鲜明光润脏腑平，夏季炎热呈莲红，
五脏安然牛无殃。青赤黑黄白五色，一见便是病入体。
寒证轻时口白色，重症青色痛转黑。热证轻时口内红，
重症赤色火极紫。黑色紫色俱难治，医治之时急治标。
舌底下面筋紫黑，腹内热极不安然，若是血筋不出现，
定为寒邪入体内。病邪在气色湿润，病入血分色枯槁。
春现青紫肝木死，夏热舌紫心血夭，秋季黑色俱无治，
冬现焰煤肾水绝。阴证阳色可医治，阳证阴色死即临，
观察正色与病色，必须牛只气息平。

6. 望口鼻异物歌

健康之牛口鼻中，不流鼻涕不吐涎。若是口鼻出异物，
肺脏胃腑定生病。肺受寒邪轻症时，鼻塞不通流清涕；
若是咳嗽流涕多，寒邪极盛病较重。鼻孔两侧流臭脓，
额上无肿是肺病。若是一孔流臭脓，额上有肿鼻内脓。
肺内气血俱败绝，鼻流血水命不长。肺内火盛血上逆，
鼻流衄血色鲜红。鼻衄久流而不止，肾虚火炎肺金伤。
胃内有寒喜饮温，朝食暮吐口不渴；若是食入即吐出，
吐势急迫为中毒。胃内湿极牛呕吐，吐物之内有冷涎。
胃内停滞吐物臭，初呕缓慢吐物快。努力递气暴伤肝，
血逆上冲口吐血。炎热气候喂热料，血被热逼撞口出。
肺内燥伤时间久，干咳出血喉咽痛，心火旺盛小便短，
咳逆咽痛涎含血，肠胃实热齿龈烂，齿龈出血如涌泉。

7. 望病牛粪、尿歌

粪便本由胃肠来，燥结泄泻胃肠病，胃肠实热粪便结，
结粪色青热挟风，粪便结紧呈黑色，此谓热极生成火。
胃肠之虚有湿热，稀粪色黄泻出急。胃肠受寒腹内响，
稀粪色白口不渴。若是宗气伤败虚，稀粪沿着肛门流。
脾虚寒湿不摄血，先拉粪便后拉血。若是胃肠有郁热，
先出鲜血后拉粪。尿的生成透两经，一是膀胱二是肾。
肾脏有热尿短赤，拉尿不痛较易出。若是尿短淋漓痛，
定是膀胱内受热。肾受寒湿尿白浊，时久结淋尿难出。
肾热虚弱血外溢，小便之时出尿血。

（二）闻诊辨证歌诀

耳闻病牛各种音，辨别正气盛与衰，鼻闻气味用嗅觉，
验证辨别病寒热，肺家有病多咳嗽，不同病因咳不同。
风咳口干鼻又塞，寒咳怯风口不渴，暑咳口渴尿短赤，
湿咳有汗四肢痛，燥咳无痰干咳嗽，火咳见水急忙饮。
肺家之病有加深，张口宣鼻喘不停。肺内原发病实喘，
张口宣鼻喘声高，深长呼吸颈伸直，喘息涌急拉炉鸣。
劳伤心血力瘘病，五脏积毒传肺家，肺内病后发虚喘，
喘息气短声音低，实喘虚喘分别后，急者治标慢治本。
牛病多不叫高声，叫者属阳则病危，心黄胆胀高声叫，
气绝怪猛叫无医。怀孕母畜跌伤胎，腹内疼痛叫高声，
一见孕畜挛痛叫，未满足月会小产，医治之时快安胎。
腹响如雷有泄泻，肠内结滞腹不鸣。牙齿本是肾之余，
肾家有病磨牙齿，秋季咬牙咯咯响。肾受风湿坐栏病，
夏季肾受暑热邪，病牛磨牙尿淋滴。秋季肾家受燥热，
磨牙响亮有尿血。冬季肾经受风寒，咬牙响亮病属危。
肺家积热有溃烂，出气臭秽鼻流脓。若是鼻流清涕腥，
肺内寒极冷涕腥。胃内积热料草滞，嗳气吞酸臭难闻。
肠胃湿热为痢症，稀粪赤黄臭秽熏。胃肠寒湿泄泻粪，
气腥冲人实难闻。耳听鼻嗅编成歌，辨证之时结合用。

（三）问畜主歌诀

牛有疾病不能言，病史要向畜主问。询问病史要详细，
虚诈假诉要避免。一问发病若干日，急性慢性可以知。

二问使役负重量，是否弩力逆气伤。三问饮喂多少料，
饥饱原因是一项。四问粪尿量与色，胃肠有寒还是热。
五问呼吸与咳嗽，肺家有病可获得。六问母畜有无孕，
处方下药能安全。七问曾否治疗过，经过情形是好坏。
八问放牧与管理，有无角斗与摔跌。九问气候有无变，
有无暴晒及雨淋。十问周围和同群，瘟疫流行病同样。
询问之时问得清，处方施治不为难。

（四）切诊辨证歌诀

切诊是把手来摸，前后周身摸一遍。病牛体表各部位，
是冷是热和软硬。尤其尾根脉跳动，气血盛衰可得知。
疼痛望诊虽能见，确定痛位靠手按。肿胀之处有无脓，
手指挤按可分明。医牛辨证切诊用，确实资料能获得。

1. 切脉歌

牛脉跳动在尾根，尾根底下有三节，正中之处脉跳动，
手指精微才获得，若是切脉粗大意，脉象无法摸得到。
人站牛尾后正中，左手提尖掀直尾，右手食中无名指，
触摸尾根尾下面，上节寸脉谓气关，中节关脉谓血关，
下节尺脉谓命关，寸关尺脉察气血。健康之牛脉纯正，
一来一往不数迟，人息一下脉三至，三合中和道平宜，
春弦夏洪并秋浮，冬沉四季各相随，四季之脉似流水，
如珠走盘不相离。脉跳柔和不间断，此谓平脉有规律。
若是三春脉迟细，九夏脉象现沉微，秋凉之时脉洪弦，
冬寒牛脉反紧数，不合天时逆反脉，牛体之内疾病生。
病在体表脉象浮，轻按即得脉跳动，重按之时则不足，
表实寒头浮有力，表虚出汗浮无力，病在里时脉现沉。
沉脉重按才得知，里实不通沉有力，沉而无力为里虚。
迟脉缓慢跳得迟，此为劳伤气血虚，浮迟无力虚寒证，
沉迟有力粪结滞。数脉快速属热证，人一息来脉五至，
浮数原属为表热。里热之证脉沉数，数而有力为实热。
数而无力虚热病。病至危急脉变形。医者细诊辨吉凶，
雀啄浮来三五啄。搭指散乱为解索，屋漏点滴停又断。
虾游静中忽一跃，阴病阳脉还有救。阳病阴脉命不长，
脉形易变难回救。医者切脉须推寻，脉歌寄语与同道。
死证之脉休下药。

2. 切摸各部冷热歌

医者手掌摸牛体，不冷不热号平宜，冷者冰手热者烫，
切诊之时不可缺。发热原因外为多，风寒暑湿与燥火。
因风发热体怯风，鼻上有汗不燥干。寒邪入侵而发热，
身颤恶寒鼻无汗。暑热所起身发热，身不恶寒口作渴。
湿邪亦可身发热，汗出不透头身重。燥气引起发热病，
鼻干无汗唇干裂。火邪本是热极盛，病牛狂乱急奔走。
口内平和为无病，稍冰手掌胃有寒。口热湿润为里热，
热极化火口涎干，舌如煮豆津液干，病牛寿命到此止。
角生头上一双齐，不冷不热手摸平，若是尖冷根热烫，
肾有实热尿短赤。尖根均热而烫手，命火三焦热病危，
双角尖根均冰手，命火三焦病失火。双耳活泼能听音，
手掌摸之不热冰，若是时冷又时热，定是体表受风寒。
双耳尖根均发热，实热伤于肝和胆。耳尖冷来根发热，
内热外寒在牛身。若是肝血伤败绝，双耳尖根冷无救。
四肢冷热须要摸，手摸蹄壳至膝关，四肢时冷与时热，
多为病牛虚发热。四肢蹄部热烫手，病牛体内有实热。
若是蹄部冷冰手，风湿引起病初期。四肢冰冷至膝关，
气血循行不畅转。病为后期风湿症，医治之时要注意。

3. 切摸肿胀歌

气血停滞壅肿胀，肿胀形态有不同。漫肿属虚高肿实，
冷者为阴热背阳，风肿浮皮而善走，寒肿皮青而木硬。
湿肿固定皮下坠，火肿皮光而色红，水肿不红又不热，
手摸柔软好似棉。瘀血肿胀皮青紫，只红不热肿不硬。
血肿皮上红又热，肿硬如石又疼痛。血肿深层肿不现，
疼痛难忍阴疽生。肌表血肿易化脓，毒随脓出痈易溃。
按压患部不疼痛，血肿还硬脓未成；患部柔软按压痛，
血肿已经化成脓；脓在表层轻按痛，脓在皮内应指尖；
重按冲击感疼痛，脓不在表而在深。水肿多般生黄肿，
手按柔软不疼痛，肿部剖开流黄水。痈疽剖开是流脓，
痈疽与黄分得清，施治之时不为难。

4. 切摸患部有痛歌

气血被阻路不通，阻塞之处壅生痛，疼痛原因来不同，
各有不同疼痛样。虚痛喜按痛可减，实痛拒按痛难忍，
风痛遍身走注痛，气痛来往走不定，寒痛定位不移走，

遇暖痛缓皮不变；热痛皮红烫手指，冰冷之物敷痛减。
因脓作痛手按软，按之应指冲击感，痛在咽喉手捏压，
病牛后退不近身。脚上有痛手按摸，上下细寻疼痛点，
手未按摸疼痛点，脚不移动自安宁，只要手靠有痛处，
拒绝接近脚乱蹦。手到之处拒绝按，病牛表示痛在此。

5. 切摸体表软硬歌

腹部左侧是草肚，手按左腹三角窝，草肚停滞按压硬，
拍打呈现实实声。若是草肚有气胀，按压柔软拍鼓音，
右侧腹部三角窝，稍下前方是大肠，肠内有热粪结滞，
手摸患部硬柴棒。若是大肠内胀气，圆筒柔软打鼓响。
宿水停脐腹下部，手压皮下有水响。病牛尾尖捏未空，
病未深入还为轻，尾尖捏之空五寸，病有七分较严重。
若是捏之空七寸，此牛之病定遭凶。

二、论治法则歌诀

牛有疾病要早医，医治得法疾病除，针药能够扶正气，
正气旺盛病邪无。病有千变与万化，论治法则可对付，
未治之前要辨证，辨证准确论治正。追求虚证为何虚，
实证原因何处来。虚则补法实证泻，疏通气血阴阳平。
寒则温之热则凉，逆者从治从者反。急则治标慢治本，
内治用药外用针。前人留下论治法，临症运用要灵活，
今将论治编成歌，后学之士可指正。

（一）内治八法歌

内治之中一汗法，用药发汗开腠理，病邪随汗出皮外，
驱除表邪不入里，汗法适用病在表，病邪入里不适宜，
表证又有寒热分，发汗解表药不同，表证是寒用麻黄，
桂枝细辛与生姜，荆芥防风并紫苏，藁本相随酒和葱，
表热发汗药辛凉，薄荷豆豉与葛根，升麻菊花都可用，
蝉蜕桑叶与柴胡；若是表证伴内病，根据症状开处方，
呕吐下痢和失血，使用汗法不相适，夏季不宜辛温药，
毛孔舒张汗易出，牛体发汗不显著，确有表证要配方。
二是吐法用药催，引导病邪随口出，凡是毒物停胃内，
冷涎壅塞积胃脘，病情严重急迫症，下未到肠上不通，

此时运用涌吐药，舒滞解结宣气机，吐法药用有瓜蒂，
胆矾藜芦药相随，吐法本是急救法，用之不当损元气，
患畜身形虚弱瘦，母畜怀孕产后期，出血过多宜仔细，
使用吐法不适宜，若是错用涌吐法，不收疗效还会夭。
三是下法攻结滞，排除蓄积能消实。寒下温下两类药，
按病性质配方剂。寒下方内苦寒药；温下辛温药配方；
病畜体质有强弱，病势轻重缓急分，下药峻下缓下别，
寒症热症要辨清，体强病急肠结症，下方适量加巴豆；
体虚病慢便秘症，郁李麻油火麻仁；水停体内尿又少，
车前木通牵牛子；瘀血蓄积内成疾，桃仁红花蓬莪术；
湿痰壅积气管内，半夏南星与瓜蒌；肠胃有虫又便秘，
贯众槟榔使君子；下法虽然是常用，使用不当有流弊，
体虚津干便秘症，母畜怀孕产后期，不可峻下要切记，
表邪未解不可下，半表半里有呕吐，凡遇有此宜慎重。
四是和法治疾病，均衡阴阳调偏盛，邪不在表不在里，
半表半里病邪存，表证可汗里可下，表里之间用和法，
和解之药依病情，寒热虚实来决定，寒热往来用柴胡；
胸肋蕴热黄芩和；劳伤自汗配党参，补中益气扶正虚；
翻胃吐草表里证，干姜半夏益智仁；表里之间已化燥，
配方之中加芒硝，使用和法须注意，表证里证都不宜。
五是温法去沉寒，温中祛寒除阴冷，根据病情与体质，
温热之药配成方，口色青白拉稀粪，腹内疼痛又恶寒，
四肢厥冷伏卧地，肉桂附子与生姜，挽救失去之阳气，
回阳救逆祛阴寒，若是脾胃阳虚弱，肚腹胀满食不旺，
四肢倦怠体质差，口流冷涎嗳吞浸，温中祛病药方内，
党参白术入药方；热症疾病与出血，禁用温法来治疗。
六是清法药寒凉，清热解渴生津液，热邪之症分气血，
症状出现也不同，热在气分口赤黄，汗出口渴津液伤，
脉象洪数里大热，石膏知母并葛根；津液未伤粪便结，
口内赤色渴而热，黄连黄柏与栀子，苦寒之药配成方，
目赤口赤热入营，唇焦口渴热不安，便秘大黄芒硝治，
生地丹皮地骨皮；凡有内寒与泄泻，血虚生火都不宜。
七是补法扶正气，扶正祛邪补气血。虚证之病有两种，
气虚血虚要辨清，气虚自汗脉太弱，呼吸短浅精神倦，
疝气阴肿直肠脱，直肠脱出易气虚，药用黄芪并党参，

白术甘草怀山药；血虚毛焦肌肉减，头低耳聋烦不安，
配方用药宜当归，熟地阿胶何首乌；若是急性大出血，
速用人参补虚脱；凡是里证有结实，虽有虚证不能补。
八是消法次于下，消散较慢结滞症，腹满硬实胃停滞，
吃料太过不消化，消食导滞药配方，神曲山楂并麦芽；
气结腹满又疼痛，行气止痛用消法，木香乌药与青皮，
枳壳厚朴并香附，外伤血瘀聚肿痛，赤芍牛藤和乳没；
咳嗽连声痰积胸，蒄铃前胡枇杷叶；四肢水溢和肿胀，
消水散肿来配方。泽泻茯苓并苍术，羌活独活五加皮。
总之八法是原则，临症运用要灵活。疾病错综复杂变，
八法可以配合用。配合运用适病变，临时运用有主张。

（二）标本论治法则歌

疾病变化是无常，旧病未愈新病生，临症遇有此情况，
论治必须辨标本，什么是本哪是标？病因为本症状标；
旧病未愈原为本，新病继发续为标；病在体内是为本，
病在体外是为标；治病当求治其本，消除病根容易痊；
病有急性与慢性，论治标本有先后，急性之病先治标，
不先治标快死亡，危及生命标消失，然后再治病之本。
慢性之病先治本，病因除本根治好，症状之标自然无。
此是标本变治法，标本变通法能知，万举万当不妄施。

三、针灸歌诀

针灸治病最简便，流传至今几千年，医师要学针灸术，
先学古人针眼穴，针穴固定是经路，畜体肥瘦要先明，
针皮勿令伤肌肉，针肉勿要筋骨伤，隔穴一毫如隔山，
偏穴一系慎勿针，穴位刺正深浅适，调和气血可治病。
针能医病与药仿，实则能泻虚能补，热之可凉寒可温，
风邪能散气能顺，为何针灸有此效，穴位经络气血传。
针有冷针与火针，血针放血与火灸。寒甚火针与火灸，
热盛冷针将血彻。急性之病急用针，非病莫行乱用针，
体瘦寒症休放血，热证火盛忌火灸，夏季炎热血可放，
冬季凝滞血似金。针后勿令下冷水，恐有污水入针孔，
血印舌底海门穴，睛灵四穴不针深。行针有道效果妙，

乱用针法枉费心。

（一）扎针方法歌

学习扎针先练习，练习腕力指力匀，初练之时用叠纸，
左手按穴右手针，进针出针操灵活，医牛运用不呆笨，
初时医牛须扎针，胆大心细要小心，粗枝大叶不仔细，
扎针部位穴不真，不是刺深就扎浅，难收疗效少功能。
进针刺入皮肉内，横针斜针直针分。深刺肌肉丰满处，
肉厚穴位扎直针；入皮不进肌肉针，横针刺入沿皮进；
斜针就是斜扎针，针刃随着肉丝进；若是扎针须放血，
锋刃平入血管身；倘若针刃横刺入，切断血管又生灾。
医牛之针要光亮，针锈粗糙不能用。生锈磨快用油擦，
进入皮肤光又滑。

（二）针穴部位歌

人中穴在鼻镜中，有毛无毛相交处，左右两针中一针，
共计三针为一穴，鼻头因是总筋兜，能通两耳又通头，
通达肩背筋骨上，左右能通八卦图，通至腰筋和担骨，
担骨下面分经路，侧针刺入二分深，寒热之症不可离。
内户穴在鼻前缘，上唇外面正中沟，中间一针是此穴，
侧针一至三分深，主治心肺发热病，胃肠有病亦可医。
命牙穴在下唇中，有毛无毛交界处，此穴只有一针刺，
侧针一至三分深，主治口赤又发热，咽喉肿痛胃肠病。
晴灵穴在眼内角，眶缘深点凹陷处，左右两边各一针，
平针最深一分半，主治肝胆眼生疾，头重下低又伤风。
太阳穴在眼外角，眶上后缘颞窝中，左右两边各一针，
平针可刺三分深，主治眼赤又肿胀，伤风感冒痰迷心。
牙关穴在口后角，槽牙后面有一窝，左右两边各一针，
侧针三至六分深，主治口紧闭牙关，咽喉肿痛及胃病。
血印穴在双耳背，耳背血管正中上，左右两边各三针，
侧针破皮要见血，主治中暑发痧症，脏腑疼痛与发热。
舌底穴在舌腹面，距尖约有一寸半，并排三针山字样，
破皮见血不刺深，主治木舌心肺热，消化不良与喉黄。
天门穴在头顶上，两角根间后中窝，此穴一针不常用，
侧针三分至四分，主治心黄头低重，心疯癫邪痰迷心。

镇喉穴在咽喉处，颈上喉结各两侧，左右两边各一针，
平针五分至一寸，主治喉黄咽喉肿，食管麻痹食不吞。
丹田穴在肩后方，前身高峰前坡凹，左右两针中一针，
侧针五至八分深，主治伤气伤力病，中暑发痧及脚酸。
三台穴在脊高峰，前膊肩胛脊骨中，左右两针中一针，
侧针四至六分深，主治跌伤脱膊症，前肢走路不方便。
苏气穴在脊背上，三台穴后三节骨，左右八针中一针，
侧针五分至一寸，主治咳嗽呼吸急，胸前心肺各种病。
安福穴在脊背窝，苏气穴后一节骨，凹陷骨内中一针，
侧针三至五分深，主治脏腑各种病，通行气血去风湿。
安肾穴在腰脊窝，左右担骨腰子针，左右两针中一针，
两边二至三寸深，主治肾痛尿短赤，胃肠下痢亦不离。
肾门穴在腰对脐，腰脊骨节陷窝内，安肾穴后中一针，
侧针三至五分深，主治腰硬伤风湿，胃肠疾病不反刍。
百会穴在接脊骨，八字骨间凹陷中，正中脊线扎一针，
侧针寸半至二寸，此穴百病皆能扎，后身麻木更不离。
开风穴在尾根前，接脊骨中凹陷内，正中线上扎一针，
侧针二至五分深，主治后身麻痹症，中暑闭汗与风湿。
尾根穴在尾根窝，开风穴后骨一节，正中线上有一针，
侧针二至三分深。主治各种发热病，气血不行可以通。
尾节穴在尾骨脊，尾根穴后一节骨，正中陷窝一针扎，
侧针一至二分深，主治气血闭潃路，胃肠有病扎此针。
尾干穴在尾节后，尾脊骨缝有陷窝，正中扎在骨中凹，
侧针一至二分深，主治肾与膀胱病，气血闭潃能通行。
散珠穴在尾尖前，距尖二寸骨陷窝，正中线上扎一针，
侧针一至二分深，主治膀胱和肾病，鼻镜干燥和发热。
垂珠穴在尾尖头，端直对尖侧针刺，最深刺进三分深，
此穴刺后要出血，主治亢进发热病，沉静阴症亦可医。
交巢穴在尾根底，肛门之上隐窝内，一针扎进陷窝内，
平针五至八分深，主治泄泻久痢病，胃肠有热不可离。
海门穴在肚脐边，肚脐两侧是穴位，左右两边各一针，
平针两至三分深，拉起肚皮针进慢，宿水停脐用此针。
吊黄穴在鸡心处，前肢之间胸凸上，左右扎穿过皮肤，
针孔嵌入砒霜丸，没有砒霜用绳吊，迫诱黄毒积此肿。
胸堂穴在胸部侧，抢风骨后有血管，左右两针血管上，

侧针二至三分深，主治牛皮发血胀，发热过盛放此血。
肺俞穴在胸背侧，倒数肋骨五根后，肋骨缝间扎一针，
侧针一至三寸深，主治肺家各种病，气管有痰喘息鸣。
脾俞穴在胸背旁，倒数肋骨三根后，若离背脊五寸处，
侧针顺着肋缝扎，针已进脾左右摆，此穴专治欣贴胀。
饿眼穴又称气针，左欣三角窝正中，平时此穴不扎针，
穿破肚皮又进胃，专治膨胀放气出，用此穴位要小心。
阳明穴在乳头旁，两股之间四乳侧，四乳外面各一针，
平针二至三分深，主治乳房肿胀病，膀胱有病亦扎针。
通膊穴在前胛节，膊尖下端陷凹内，左右两边各一针，
侧针三至五寸深，主治膊尖肿胀痛，跌伤挟气与脱膊。
下腕穴在前肢上，抢风承重骨节窝，左右前肢各一针，
平针一寸二分深，主治节肿又疼痛，跌伤扭筋与挟气。
曲尺穴在前膝节，膝节后侧弯曲窝，左右前肢各一针，
侧针三至六分深，主治膝肿积痰涎，风湿肿脚和麻痹。
曲池穴在合子骨，后肢前侧偏内凹，左右后肢各一针，
侧针半至一寸深，主治风湿后肢肿，扭筋跛行和麻木。
寸子穴在四肢下，寸腕弯曲后侧窝。四肢各有一针穴，
侧针五分至一寸，主治寸子积涎肿，风湿麻木和跛行。
涌泉穴在前蹄叉，蹄叉中间凹窝陷，左右前肢各一针，
侧针二至三分深，主治漏蹄与跛行，软脚麻木针不离。
滴水穴在后蹄叉，也是蹄叉中间窝，左右后肢各一针，
侧针二至三分深，主治漏蹄与麻痹，行走无力针不离。
笤子穴在四蹄上，八字笤壳接毛处，四肢共有八针穴，
平针半至一分深，主治蹄热发肿胀，四肢转筋可镇痉。

（三）火针使用歌

火针本是钢制成，使用之时几根换。它与冷针形有别，
冷针火针不一样。临症火针治寒证，风湿僵硬麻痹症，
散除寒滞气血凝，肿胀化脓可决脓。施用火针先准备，
准备硫黄末一两，桐油灯盏点燃火，数根针锋固定烧，
施术之时要小心，左手食指按穴位，右手拿起烧红针，
红针先往硫黄插，然后再扎穴位处，数根火针轮流扎。
决脓使用火针时，必须脓在肉深层，先辨脓液已化成，
才能火针排出脓，一针扎入脓未出，还须断续引出脓。

火针使用妥当时，治疗效能很迅速，如果施用不妥当，
造成很大恶后果，由此使用要注意，下列情况禁止用。
火盛肿胀红热痛，用之痛增烂更深；头面部位诸阳会，
皮肉较薄不适宜；胸腹部内有脏腑，伤及脏腑灾又起；
筋骨关节慎重用，焦筋灼骨成残废。火针伤口要擦油，
油可润泽焦皮毛，又可封口防污毒，免受污毒入体内。

（四）灸法使用歌

灸法本是用火灸，靠近畜体皮肤烧，促使皮肤发温热，
内外夹攻疗效速。灸的方法有多种，医牛常用艾酒灸。
艾灸是用干艾叶，捣绒去渣用纸卷，纸卷艾绒似香烟，
长约六寸用火烧，手持一端不点火，另端燃烧近病畜。
艾火接近皮肤处，固定不动温和灸。连续不断温和火，
冲散皮下寒血凝。穴位灸后左右摆，移动炙火又灸穴。
这种断续灸穴位，称为雀啄灸方法。酒灸是种强灸法，
脱膊痹症用此法。前肢脱膊先扎针，后用温酒黄纸表，
酒纸六张靠灸穴，上面覆盖湿水鞋，烧红一块旧铁片，
放在湿鞋上面灸。后身麻痹瘫痪上，百会穴上先扎针，
后用酒灸百会穴，酒灸之法用得当，疗效迅速达目的，
后学之士要掌握。灸法也有禁忌处，临症用灸要小心。
阳病禁忌火来灸，以火济火会生灾。头面皮肉较为薄，
诸阳之会不宜灸；颈部咽喉有血管，用火灸后会肿大，
只有阴寒风湿病，火灸疗效是为高。

四、中药配伍歌诀

（一）中药配伍禁忌歌

十八反：本草明言十八反，半蒌贝蔹及攻乌。

　　　　藻戟遂芫俱战草，诸参辛芍叛藜芦。

（注：半夏、瓜蒌、贝母、白蔹、白及反乌头；海藻、大戟、甘遂、芫花
反甘草；人参、党参、太子参、玄参、沙参、苦参、细辛、白芍、赤芍反
藜芦。）

十九畏：硫黄原是火中精，朴硝一见便相争。

　　　　水银莫与砒霜见，狼毒最怕密陀僧。

　　　　巴豆性烈最为上，偏与牵牛不顺情。

丁香莫与郁金见，牙硝难合京三棱。

川乌草乌不顺犀，人参最怕五灵脂。

官桂善能调冷气，若逢石脂便相欺。

大凡修合看顺逆，炮爁炙煨莫相依。

（注：硫黄畏朴硝、芒硝、皮硝、玄明粉；水银畏砒霜、信石、红砒、白砒；狼毒畏密陀僧；巴豆畏牵牛；丁香畏郁金；牙硝畏三棱；川乌、草乌畏犀角；人参畏五灵脂；官桂畏石脂。）

（二）妊娠服药禁忌歌

蚖斑水蛭及虻虫，乌头附子配天雄。

野葛水银并巴豆，牛膝薏苡与蜈蚣。

三棱芫花代赭麝，大戟蛇蜕黄雌雄。

牙硝芒硝牡丹桂，槐花牵牛皂角同。

半夏南星与通草，瞿麦干姜桃仁通。

硇砂干漆蟹爪甲，地胆茅根都失中。

（三）剧毒中药禁用歌

药物诛杀不用刀，剧毒中药须记牢，

若知何药剧毒藏，细考药籍问专章，

水银砒石归一类，二类毒剂青红娘，

铜绿硇砂三分三，斑蝥蟾酥生藤黄，

青粉红粉葛亭长，红升白降并蜣螂，

烟胶银朱苦豆草，曼陀罗花与闹羊，

上列剧毒忌内用，微量投剂遵医方，

天雄附子川草乌，千金天仙魔芋狼，

半夏南星天上蒿，甘遂地胆加冰凉，

马钱巴豆六轴子，生品切勿乱投方，

更有成药毒四味，小心慎用细端详，

九分龙虎四生散，九转回生当提防，

专人专库专器具，安全密管慎储藏。

五、跌打损伤药歌诀

跌打损伤药，临床见效功。归尾与生地，槟榔与赤芍。

四味药为主，加减任斟酌。还有骨碎补，乳香与没药。

头部用羌活，防风白芷随。背部用台乌，威灵较适宜。
胸部用枳壳，枳实与陈皮。腕上用桔梗，厚朴与菖蒲。
腰部用杜仲，故纸与大茴。前肢用续断，桂枝五加皮。
后肢用牛膝，木瓜薏米随。青肿把药下，泽兰最适宜。
桃仁少不得，血竭必须随。红花很重要，川军助伤出。
骨折用自铜，百伤用土鳖。

六、牛生黄论治歌诀

生黄之牛只宜凉，若逢表药必遭殃。当要吊丹须吊丹，
不要吊丹用药方。首先查清哪种毒，各毒要主各毒方。
喉舌口黄心脏毒，要用黄连解毒汤。水湿皮黄水疗病，
利水除湿破毒方。肾根青被与封门，三黄龙胆是为君。
大概杂黄有一些，要用败毒与消风。生黄开针要大胆，
有脓有血都无妨。生黄最怕如石硬，开针白口句主方。
不是毒气入脏腑，就是表药帮倒忙。学习医理不容易，
熟读汤头主药方。三黄汤是大凉药，黄芩黄柏及大黄。
黄连解毒汤四味，黄芩黄柏栀子配。退热解毒又去烦，
热血便红皆可治。龙胆泻肝枝苓柴，生地车前泽夏来。
木通甘草当归合，肝经湿热力能排。连翘牛子赤花粉，
生地归尾芷柏苓。防风荆芥蒺藜草，血热风痒效如神。
消风见过茨金银，败毒管仲儿茶陈。南蛇酒里山枝用，
菊花车前水灯芯。生黄用药未讲尽，二十六黄须看清。
细心研究功效大，切莫随便把医行。

>>> 下篇　各　　论 <<<

一、中兽医预防保健

中兽医始终贯彻"预防为主，治疗为辅，防治结合"的原则，根据气候、季节，常用中草药来预防畜禽疾病的发生，防病于未然。

（一）牛的预防保健药

方　一

春季：开针洗口，服茵陈散。春耕前用铁针在牛舌底下扎针放血，冷水洗

口，再用食盐、生姜、百草霜擦洗牛舌体。用茵陈散泻脏腑邪热，解三焦郁火，可防春初感冒，避免气血过盛而生诸疾。组方：茵陈、黄连、黄柏、边荷枫、刺风消、见风消、土柴胡、过墙风、紫苏、山桂枝、七叶黄荆等，煎水灌服。

夏季：用消黄散。解三焦壅热，又能开肺气、破肺郁，可免内热外蒸、血气过盛、身生黄肿。组方：香薷草、夏枯草、车前草、淡竹叶、白头翁、野菊花、水灯芯、边荷枫、金银花藤、海金沙、鱼腥草等，煎水灌服。

秋季：用理肺散。解热降气，清心润肺，养胃生津，消痰止咳，可免秋燥伤肺而发生咳嗽流鼻之病。组方：金银花、千里光（九里光）、青鱼胆、谷精草、边荷枫、枇杷叶、山黄芩、山黄柏、土牛膝、黄栀子、泽泻等，煎水灌服。

冬季：用茴香散。滋肾补阴，温中暖后，可免冬季湿寒之气侵入肾经而发拖腰拖杆和四肢疼痛诸疾。组方：柴胡、小茴香、枳壳、陈皮、木通、威灵仙、桑枝、龙须藤、见风消、钩藤、厚朴、活血藤等，煎水灌服。

方 二

春季：柴胡、胆草、枝仁、泽泻、荆芥、大青根、木通、外红消、见风消各适量，煎水灌服。

夏季：苦参、十大功劳、黄芩、金银花、连翘、淡竹叶、葛根、贯众、枝仁各适量，煎水灌服。

秋季：桑叶、枇杷叶、千里光、野菊花、苦参、葛根、瓜蒌、芦竹根、沙参各适量，煎水灌服。

冬季：女贞子、黄精、小茴香、八角枫、山桂枝、苍术、陈皮、厚朴、乌药、甘草各适量，煎水灌服。

（二）猪的预防保健药

方 一

春季：叶下珍珠、山苍子、钩藤、甘草各适量。

夏季：毛脚茵陈、七叶黄荆、淡竹叶、路边荆、大青叶、黄栀子、水灯芯、金银花藤、鱼腥草、马边草、车前草各适量。

秋季：海金沙、黄菊花、叶下珍珠、鱼腥草、蒲公英、大青叶、秤星树（百解树）各适量。

冬季：五加皮、青蒿、爬山虎、燕窝枫、香叶子、樟树皮、甘草各适量。以上药物均煎水当饮水或拌饲料喂。

方 二

山黄连、臭牡丹、黄栀子、谷精草、蒲公英、青蒿、金银花藤各 250 克（25 千克体重用量）。煎水当饮水。

方 三

青蒿、瓜蒌、大青、六月凌、千里光、野菊花、鱼腥草、苦叶、山苍子根、黄荆、桑叶各适量。煎水当饮水或拌饲料喂。适用于猪高热病预防。

二、内科疾病

（一）消化系统疾病

1. 牛瘤胃臌气

【症状】患牛因采食大量易于发酵的青饲料后突然发病，腹围迅速膨大，肷部突出，左侧最为明显，病牛腹痛不安，精神沉郁，食欲废绝，反刍停止，四肢向外分开，站立不稳，行走困难，浑身出汗、发抖，呼吸困难，触诊瘤胃有弹性，叩诊呈鼓音。

方 一

【组方】茶油 250 克、童尿 500 克。
【用法】一次灌服。

方 二

【组方】芒硝 40 克、枳实 30 克、大黄 30 克、厚朴 50 克、陈皮 50 克、石菖蒲 50 克、番泻叶 30 克。
【用法】煎水灌服，同时灌茶油 500 克。

方 三

【组方】薤头 1 000 克、莱菔子 500 克。
【用法】捣烂兑水一次灌服，急性膨胀时加瘤胃放气（导管针）。

方 四

【组方】煤油 100 克、生石灰 100 克。
【用法】生石灰加水取上清液加煤油，一次灌服。

方　五

【组方】莱菔子500克。

【用法】莱菔子炒焦，加盐、门斗灰各适量，兑水灌服。

方　六

【组方】青木香、槐树叶、椿、藠头、樟树嫩芽。

【用法】不让牛倒地，将牛头抬起，头朝坡上，一人将牛口打开，拿出舌头，用一根8寸长的椿树或樟树枝横于口中，两端用绳子捆好系在牛角上。然后掏出肛门粪便，将上述药捣碎塞入肛门内。

方　七

【组方】樟树嫩芽250克、莱菔子250克、藠头500克、煤油250克。

【用法】上药捣碎加少许食盐灌服，另用煤油250克，灌服。

方　八

【组方】槟榔60克、枳壳100克、青木香50克、木通100克、莱菔子150克、桔梗50克、小茴香50克、厚朴60克、藿香60克、香附60克。

【用法】煎水灌服，每副内另加大蒜蒜瓣200克。

方　九

【组方】泡沫（稻田缺口下的泡）。

【用法】开水冲泡待热灌服，半小时后消胀。

方　十

【组方】白酒200克、煤油100克。

【用法】温开水灌服。

方　十一

【组方】丁香25克、木香25克、藿香25克、大黄100克、芒硝150克、二丑50克、常山50克、厚朴50克、枳实50克、神曲50克。

【用法】煎水灌服。

2. 牛宿草不转（瘤胃积食）

【症状】病牛精神不振，反刍减少或停止，左腹膨大，触诊有弹性，叩诊呈鼓音，口流白沫，呼吸困难，鼻镜干燥，四肢厥冷，大便秘结，肛门突出，脉搏心跳加快，舌呈苍青色，全身发抖。病重者四肢张开，摇尾踢腹，常作排粪姿势。

方 一

【组方】苍术 50 克、陈皮 30 克、青皮 40 克、厚朴 30 克、青木香 30 克、吴茱萸 30 克、大茴 30 克、槟榔 30 克、贯众 40 克、桂枝尖 30 克，樟树根、石菖蒲各 250 克为引。

【用法】煎水灌服。

方 二

【组方】木香 30 克、陈皮 30 克、槟榔 50 克、枳壳 50 克、茴香 60 克、莱菔子（盐水炒）120 克。

【用法】煎水，加大蒜蒜瓣 120 克捣烂灌服。

方 三

【组方】大黄 60 克、枳壳 30 克、厚朴 20 克、木香 20 克、青皮 20 克、香附 30 克、牵牛子 30 克、木通 30 克、芒硝 120 克（另包）。

【用法】煎水灌服。

方 四

【组方】大黄 200 克、芒硝 400 克、枳实 120 克。

【用法】煎水灌服，适用于贪食稻谷、米糠引起的。

方 五

【组方】过山龙、内风藤、木通、青木香、乌药、厚朴、燕窝泥、野南瓜、秤星树、金银花藤、水泡沫（稻田缺口流水形成的）。

【用法】草药煎水兑燕窝泥、泡沫混合灌服。

方 六

【组方】槟榔 60 克、藿香 40 克、小茴香 30 克、枳实 50 克、桔梗 40 克、木通 50 克、木香 50 克、陈皮 30 克、甘草 10 克。

【用法】煎水，旧蒲扇（棕叶扇）一把烧灰一起灌服。

方 七

【组方】槟榔 40 克、枳实 30 克、青皮 30 克、木香 40 克、藿香 40 克、桔梗 40 克、腹毛 30 克、小茴香 40 克、川芎 30 克、厚朴 40 克、赤芍 50 克、木通 50 克。

【用法】煎水兑童尿灌服。

方 八

【组方】陈皮 50 克、苍术 60 克、厚朴 80 克、山楂 80 克、神曲 60 克、麦芽 80 克、甘草 10 克。

【用法】煎水灌服，同时灌活泥鳅 500～1 000 克。

方 九

【组方】山楂 50 克、麦芽 50 克、陈皮 30 克、泽泻 50 克、白芷 30 克、青木香 30 克、广木香 30 克、乌药 200 克、甘草 15 克。

【用法】煎水灌服。

方 十

【组方】山黄连 120 克、土黄柏 120 克、山黄芩 120 克、海金沙 200 克、凤尾草 200 克。

【用法】先将蛇蜕用草纸卷筒点燃放牛鼻孔边，再用蒲扇扇风即通气，再灌服草药。

方 十一

【组方】大戟 80 克、生大黄 150 克、生地 150 克、甘遂 70 克、黄芪 100 克、郁李仁 80 克、桃仁 70 克、芒硝 500 克、滑石 100 克、山楂 100 克、枳实 100 克。

【用法】煎水灌服，生猪板油 500 克一起灌服，另灌活泥鳅 1 000～1 500 克。

方 十二

【组方】丁香 25 克、藿香 30 克、青木香 25 克、神曲 60 克、麦芽 60 克、石菖蒲 40 克、大黄 60 克、枳实 45 克、厚朴 50 克、大戟 30 克、常山 50 克、芒硝 120 克。

【用法】煎水灌服，孕畜慎用。

方 十三

【组方】生地 240 克、广皮 240 克、生赭石 120 克、桃仁 18 克、火麻仁 18 克、柏子仁 30 克、大黄 60 克、当归 30 克、松子仁 18 克、朴硝 30 克、甘遂 9 克。

【用法】煎水灌服。

方 十 四

【组方】神曲、山楂、云苓、法半夏、陈皮、连翘、白术、麦芽、莱菔子（盐制）各适量。

【用法】煎水，米汤兑服（特效）。

方 十 五

【组方】大戟 30 克、牵牛子 30 克、甘遂 30 克、大黄 50 克、芒硝 60 克、巴豆 5 粒、枳实 30 克、火麻仁 30 克、桃仁 30 克、杏仁 30 克、郁李仁 30 克。

【用法】煎水灌服。

方 十 六

【组方】大黄 100 克、芒硝 150 克、白术 50 克、当归 50 克、滑石 50 克、大戟 50 克、二丑 50 克。

【用法】研细末加猪板油 250 克，温水调灌服。

3. 牛前胃弛缓（脾胃虚弱，脾虚慢草）

【症状】本病多因饲养失调、劳役过度或因内伤外感，引起脾功能降低、运化失常而发病。病牛精神不振，头低耳垂，反刍减少，毛乱无光，口腔微臭，鼻汗时有时无，磨牙。牛久病不愈则行走无力，有时拉稀，卧多立少，口舌青黄，脉象细弱。

方 一

【组方】苍术 50 克、厚朴 50 克、陈皮 50 克、白术 40 克、神曲 40 克、山楂 40 克、麦芽 50 克、木香 30 克、黄芪 40 克。

【用法】煎水灌服。

方 二

【组方】鬼木板。

【用法】烧灰，兑冷开水灌服。

方 三

【组方】党参 40 克、云苓 40 克、白术 40 克、扁豆 20 克、陈皮 20 克、淮山 30 克、白莲（去芯）20 克、砂仁 30 克、薏米 30 克、桔梗 20 克、炙草 10 克，大枣 7 个为引。

【用法】煎水灌服。

方　四

【组方】黄芪 50 克、党参 20 克、白术 20 克、茯苓 50 克、泽泻 20 克、厚朴 20 克、青皮 15 克、木香 15 克、苍术（炒）15 克、甘草 15 克。

【用法】煎水灌服。

方　五

【组方】甘草 20 克、大戟 40 克。

【用法】煎水灌服。

注：在我国中兽医学中，大戟反甘草，不宜配伍，但对本病有疗效。

方　六

【组方】陈皮、白术、麦芽、山楂、陈茶叶、厚朴、神曲、木瓜、红枣、生姜、甘草各 30～60 克。

【用法】煎水兑童尿 500 克灌服。

方　七

【组方】藿香、大腹皮、桔梗、陈皮、云苓、白术、厚朴、神曲、大枣、生姜、甘草各适量，白酒为引。

【用法】煎水灌服。

4. 牛翻胃吐草

【症状】患牛病初精神不振，四肢无力，被毛逆立，耳鼻俱凉，反刍减少，鼻镜汗不成珠，口流清涎，伸颈咳嗽。休息或走路时口流清水，或流稀稠的、带粪臭的内容物，口色淡白。病重时，低头耷耳，行走缓慢，毛焦炊吊，食后不久即吐，粪稀粗，体温正常。

方　一

【组方】姜半夏 80 克、黄连 30 克、旋覆花 60 克、桃仁 30 克、煨姜 50 克、代赭石 80 克、山楂 60 克、党参 30 克、黄芪 30 克、砂仁 30 克、陈皮 30 克。

【用法】煎水灌服。

方　二

【组方】石螺 1 500～2 500 克。

【用法】捣烂用开水泡，取液灌服（特效）。

方　三

【组方】桔梗 50 克、厚朴 50 克、槟榔 50 克、山楂 60 克、乌药 60 克、五味子 50 克、生地 50 克、甘草 20 克。

【用法】煎水灌服。

方　四

【组方】蒲黄、官桂、小茴香、青皮、陈皮、苍术、厚朴、云苓、五味子、青木香各适量。

【用法】煎水兑鬼木板灰灌服。

方　五

【组方】白术 50 克、黄芪 40 克、党参 40 克、当归 40 克、熟地 40 克、砂仁 45 克、厚朴 50 克、煨姜 45 克、白豆蔻 60 克。

【用法】煎水灌服。

方　六

【组方】党参 30 克、云苓 30 克、焦术 30 克、陈皮 20 克、法半夏 20 克、青木香 15 克、砂仁 20 克、川朴 30 克、白豆蔻 30 克、煨甘草 10 克，竹青为引。

【用法】煎水灌服。

方　七

【组方】干姜 50 克、肉桂 50 克、乌药 100 克、紫苏秆 200 克、枳实 100 克。

【用法】煎水灌服。

5. 牛百叶干（烧包症）

【症状】病初精神不振，反刍减少，鼻镜干燥，排少量块状干粪。后期反刍停止，鼻镜龟裂，卧时颈弯，头贴腹部或贴于地，腹部紧缩，四肢无力，不愿站立，肚腹胀满，不排粪或排出白色油脂样少量粪便，经常翘尾呈排粪姿势。

方　一

【组方】椿树皮 60 克、常山 30 克、柴胡 30 克、莱菔子 40 克（碎）、枳实 30 克、杏仁 30 克、大黄 40 克、当归 50 克、黄芪 30 克、麦冬 40 克、麻仁 50

克、芒硝 120 克。

【用法】煎水灌服。

方　二

【组方】芦荟 250 克、乌柏树根（木子树）250 克、芒硝 250 克、大黄 100克、枳实 80 克、厚朴 80 克。

【用法】煎水 2 次纱布过滤，用注射器直接注入瓣胃内。同时，用柳树条插入天窝穴（6～7 寸深）。

方　三

【组方】甘遂 30 克、大戟 30 克、大黄 50 克、芒硝 50 克、枳实 30 克、牵牛子 40 克、滑石 40 克、白芷 20 克、猪板油 250 克，蜂蜜 250 克为引。

【用法】煎水灌服。

方　四

【组方】猪板油 250 克、豆浆 1 000 克。

【用法】将猪板油捣碎加豆浆一起灌服。

方　五

【组方】油茶树上蚂蚁窝一个（烧灰）、食盐 100 克、黄酒 500 克。

【用法】兑水适量，一次灌服。

方　六

【组方】麦冬 150 克、沙参 180 克、玄参 120 克、花粉 120 克、番泻叶90 克。

【用法】煎水灌服。

方　七

【组方】蜂蜜 250 克、绿豆 250 克、猪板油 500 克（捣碎）。

【用法】兑水混合灌服。

方　八

【组方】滑石、木通、芒硝、续随子、大黄、甘遂、官桂、大戟、二丑、侧柏叶各适量，猪板油 250 克为引。

【用法】煎水灌服，一日 1 剂，连服 3 剂。

方 九

【组方】地榆皮 90 克、滑石 60 克、枳实 60 克、续随子 60 克、黑丑 30 克、大黄 45 克、大戟 12 克、甘遂 9 克。

【用法】研末，猪板油 250 克（煎溶）兑水灌服，日服 3 次。

方 十

【组方】水豆腐 5 千克、菜油 250 克。

【用法】调匀灌服。

方 十一

【组方】滑石、牵牛、白芷、地榆皮、粉草、官桂、甘遂、大戟、川大黄、续随子各适量，猪板油 250 克，蜂蜜 100 克为引。

【用法】煎水兑猪板油、蜂蜜一起内服。

6. 牛腹泻

【症状】病牛由于水草不均或吃了腐败的饲料，或受寒感冒，或受热邪外感所致。病牛大便稀薄或泻泄，无异臭，肠鸣或有腹痛。小便清短，反刍减少，鼻耳发冷，口色淡白，舌津滑利，脉象沉迟。

方 一

【组方】党参 30 克、茯苓 30 克、苍术 30 克、黄连 15 克、石榴皮 30 克、厚朴 20 克、藿香 30 克、葛根 50 克、木香 15 克，车前草、水灯芯为引。

【用法】煎水灌服。

方 二

【组方】焦术、地榆、诃子、楂炭、苍术、猪苓、五味子、藿香、砂仁、白芍各 50 克。

【用法】煎水灌服，杉木炭为引。

方 三

【组方】珍珠草、马齿苋、青蒿、野南瓜、辣蓼草、黄荆子（炒）、白头翁、龙胆草、土木香、车前草、陈艾叶、大蒜秆各 50～200 克。

【用法】煎水灌服。

方 四

【组方】大蒜蒜瓣、石榴皮、马齿苋、白头翁各适量。

【用法】煎水灌服。

7. 牛大便秘结

【症状】本病多因饲喂难以消化的粗硬、干枯饲料，牛又缺乏适当的运动和饮水，以致秘结，排便困难或不能排出。患牛卧立不安，摇尾伸腰，腹疼痛，呻吟烦躁，往往用后肢踢腹，不断回头顾腹。叩诊左右肚腹，发出固体实音。

方 一

【组方】芒硝 100 克、枳实 60 克、大黄 100 克、厚朴 40 克、火麻仁 40 克。

【用法】煎水灌服。

方 二

【组方】大黄 50 克、芒硝 60 克、枳实 40 克、厚朴 30 克，生猪板油为引。

【用法】煎水灌服。

方 三

【组方】黄连、黄柏、黄芩、大黄各 50 克，芒硝 20 克。

【用法】煎水灌服。

8. 牛大便下血

【症状】病牛常见眼睛红色，口舌温高，耳不扇风，食欲减退或停止，大便下血，每天数次。初期大便带血液，稍有肚胀表现，排粪困难，粪便有泡沫。中期粪少血多，带有白冻，停食。后期大便全血，似有鲜血排出，四肢无力，走路踉跄，眼凹陷，瞳孔放大。

方 一

【组方】侧柏叶 25 克、牡丹皮 30 克、益母草 25 克、生地黄 40 克、海金沙 20 克、地榆 50 克、前仁 30 克、白芷 40 克、藕节 30 克、甘草 15 克。

【用法】煎水灌服。

方 二

【组方】地榆炭 50 克、柏叶炭 50 克、蒲黄 30 克、乌梅 30 克、槐花 30 克、诃子 50 克、荆芥 30 克、仙鹤草 30 克、旱莲草 30 克、木香 30 克、艾叶

30 克，血余炭、百草霜各 1 撮为引。

【用法】煎水灌服。

方 三

【组方】槐花 40 克、地榆 80 克、金银花 30 克、仙鹤草 50 克、凤尾草 40 克、马齿苋 50 克、青木香 15 克、侧柏叶 50 克、百草霜 40 克。

【用法】煎水灌服。

方 四

【组方】仙鹤草 60 克、金银花藤 60 克、地百菜 60 克、苦参 40 克、甘草 20 克。

【用法】煎水灌服。

方 五

【组方】土木香 250 克、大蒜蒜瓣 150 克、车前草 200 克、马齿苋 200 克。

【用法】共捣碎，用凉水搓汁过滤，一次灌服。

方 六

【组方】田乌泡 250 克、仙鹤草 200 克、山乌药 150 克、土木香 200 克、黄菊花 150 克、萝卜根（留种用）200 克、人字草 100 克、萹蓄草 150 克、茴香秆 100 克、乌梅 5 粒。

【用法】煎水灌服，连服 4 剂。

方 七

【组方】猪苓 30 克、泽泻 30 克、黄连 30 克、枳壳 25 克、粟壳 60 克、槐花 30 克、地榆 20 克、青皮 20 克、厚朴 40 克、木香 30 克、甘草 5 克、乌梅 5 粒。

【用法】煎水灌服，连服 4 剂。

方 八

【组方】地榆 60 克、当归 90 克、川芎 30 克、萹蓄 60 克、芭蕉树汁 50 毫升。

【用法】煎水兑芭蕉汁灌服。

9. 牛胃肠卡他

【症状】本病因饲养管理不当、饲料品质不良、误用刺激性药物或其他疾病所引起。病牛食欲减退，排便时干时稀，表现异常，有怪癖病态，好啃泥土、被污染的水或垫草等。

方 一

【组方】苍术 40 克、陈皮 40 克、厚朴 35 克、茯苓 40 克、神曲 60 克、焦山楂 60 克、枳壳 40 克、草果仁 30 克。

【用法】煎水灌服。

方 二

【组方】黄芩 60 克、黄连 60 克、厚朴 60 克、甘草 20 克。

【用法】煎水灌服。

10. 马疝气痛

【症状】多因牛过食发酵、产气等草料而致。患畜常见时起时卧，耳鼻发凉，肠鸣如雷，口舌青白或青黄，苔白，粪稀尿少，腹围逐渐增大，右侧更明显，拍打如鼓。严重时，腹痛加剧，不敢卧地等。

方 一

【组方】藿香 40 克、荆芥 25 克、防风 25 克、陈皮 20 克、厚朴 20 克、木香 20 克、枳壳 20 克、肉桂 15 克、茯苓 30 克、槟榔 20 克、干姜 10 克、甘草 15 克。

【用法】煎水灌服。

方 二

【组方】莱菔子（盐炒）200 克、苦瓜根 5 个、老鼠屎 150 克。

【用法】莱菔子、苦瓜根煎水，兑老鼠屎灌服。

方 三

【组方】川楝子、小茴香、青木香、吴茱萸、木通、莱菔子各适量。

【用法】煎水灌服。

方 四

【组方】白芍 20 克、乌药 50 克、木香 30 克、小茴香 20 克、泽泻 20 克、枳实 20 克、槟榔 20 克、干姜 20 克（寒引起加肉桂，暑引起加香薷，粪便干结加大黄）。

【用法】煎水灌服。

11. 马（驴）肠阻塞

【症状】本病因粪球阻塞肠管，致使气脉不宣，发生腹痛、不食（结在小肠为前结，结在大肠为中结，结在直肠为后结）。前结多因劳役后饥渴过甚，气血未定，进槽急食，囫囵乱吞咽，以致聚滞于小肠，不能消化运转而成结；中结多为重役后，乘热喂草料，又饮冷水，冷热相击，水谷相并，不能消化，以致成结；后结多因空腹急食草料又饮冷水，以致聚于直肠而成。患畜脉沉，口舌色红，唇干舌燥，多有舌苔，便结，腹胀痛，摆尾蹴蹄，回头望腹，不断起卧打滚。一般表现前结狂躁，中结大步大摇，后结小颠小跑。

方 一

【组方】全当归250克（麻油炒至微焦）、肉苁蓉80克（黄酒制）、香附50克（醋制）、番泻叶60克、广木香15克、川厚朴30克、炒枳壳50克、瞿麦20克、通草15克、神曲60克。

【用法】共研末，用开水调成稀糊状，文火煎10分钟，充分搅动，勿煎焦，待温再加入麻油500克，冷水适量，搅匀灌服。体弱气虚者加黄芪40克；孕畜去瞿麦、通草，加白芍30克（治前结）。

方 二

【组方】芒硝230克、大黄60克、枳实30克、厚朴25克、酒曲（小曲）100克、麻仁120克、青木香15克、醋香附35克、木通10克、乳香10克、没药10克。

【用法】先将枳实、厚朴、麻仁、香附、木通煎沸20分钟，再加入大黄、青木香煎10分钟，加入酒曲、芒硝、没药、乳香，一次灌服。夏季炎热，口红舌燥去酒曲（治中结）。

方 三

【组方】食盐200～300克。

【用法】食盐200～300克，加水6 000～8 000毫升，溶解后一次灌服。应防止卧地打滚，3～4小时后，病畜开始大量喝水。如不喝水，可灌服适量温水（治后结）。

12. 猪脾虚腹泻

【症状】猪群由于在运转中受到颠簸、惊吓，或突然改变饲养环境和饮食所致。患猪喜卧懒动，精神倦怠，皮肤干燥，肛门松弛，粪便呈灰白微黄色糖浆状，并常带有消化未尽的食物，有的长期腹泻、反复腹泻，并有肚胀症状。

【组方】焦苍术80克、陈皮80克、厚朴80克、仙鹤草80克、山楂80

克、神曲 80 克。

【用法】10 头架子猪剂量，煎水内服，同时针灸交巢、百会等穴。

13. 仔猪腹泻

【症状】因饲料中蛋白质含量过高或气候环境变化所致。患猪可伴发热、腹痛、腹泻、恶心、呕吐、溏样便或稀水便或黏液脓血便，每次排便量少，有时只排出少量气体或黏液，颜色较深。

方　一

【组方】黄连 20 克、白头翁 30 克、仙鹤草 30 克、龙胆草 20 克。

【用法】10 头仔猪的剂量，煎水内服，适用于暴泻（属实症）。

方　二

【组方】焦术 30 克、炮姜 10 克、肉桂 15 克、仙鹤草 30 克、太子参 15 克、黄连 10 克。

【用法】10 头仔猪的剂量，煎水内服，针灸交巢、百会等穴。适用于久泻（虚寒证）。

（二）呼吸系统疾病

1. 牛咽喉炎

【症状】病牛进食缓慢、量少，吞咽困难，常从口腔、鼻孔流出黏液，口腔红肿等。

方　一

【组方】玄参 50 克、连翘 40 克、黄栀子 40 克、山豆根 40 克、牛蒡子 40 克、黄芩 60 克、荆芥 35 克。

【用法】煎水灌服。

方　二

【组方】黄连 60 克、金银花 60 克、桔梗 40 克、麦冬 40 克、黄柏 40 克、枝仁 60 克、玄参 45 克、板蓝根 40 克、石膏 50 克、连翘 30 克、花粉 50 克、牛膝 30 克、淡竹叶 60 克、甘草 20 克。

【用法】煎水灌服，另加吹青黛散（黄柏、青黛、滑石、熟石膏）。

2. 牛咳嗽

【症状】病牛因饲养条件差导致体质虚弱，遇天气骤变，易感风寒。以咳嗽为主要症状，常见精神不振，食欲减退，呈干而痛苦的咳嗽等。

方 一

【组方】知母 30 克、杏仁 30 克、生地 30 克、黄芩 40 克、玄参 30 克、麦冬 30 克、花粉 30 克，蜂蜜 250 克为引。

【用法】煎水灌服。

方 二

【组方】板蓝根 30 克、天门冬 25 克、麦门冬 30 克、香薷草 25 克、大青叶 20 克、知母 40 克、元参 30 克、沙参 30 克、前胡 30 克、花粉 25 克、蜂蜜 100 克，玉米苞叶为引。

【用法】煎水灌服（适用于由热引起的咳嗽）。

方 三

【组方】枇杷叶（去毛）250 克、伏龙肝 200 克、红蚯蚓 200 克、红糖 150 克。

【用法】枇杷叶与伏龙肝煎水，红糖与蚯蚓溶化后，两药混合一次灌服。

方 四

【组方】瓜蒌 40 克、杏仁 60 克、桑皮 60 克、枳壳 50 克、知母 40 克、葶苈子 40 克、桔梗 50 克、全皮 50 克、甘草 10 克，枇杷叶（去毛）为引。

【用法】煎水灌服。

方 五

【组方】瓜蒌 40 克、陈皮 20 克、枳壳 20 克、杏仁 20 克、知母 20 克、贝母 30 克、桔梗 20 克、黄芩 30 克、地骨皮 30 克、双皮 30 克、葶苈子 15 克、甘草 15 克。

【用法】煎水灌服（适用于牛久咳不止）。

方 六

【组方】百合 40 克、熟地 30 克、玄参 30 克、贝母 30 克、桔梗 20 克、麦冬 30 克、白芍 30 克、当归 30 克。

【用法】煎水灌服。

方 七

【组方】瓜蒌 30 克、杏仁（去皮）30 克、贝母 30 克、陈皮 25 克、桔梗

25 克、防风 15 克、枳实 20 克、黄栀子 20 克、地骨皮 60 克、葶苈子（布包）60 克、桑皮 120 克、甘草 20 克。

【用法】煎水兑蜂蜜 250 克灌服。

3. 牛鼻出血

【症状】病牛鼻孔流血，包括内伤出血（鼻衄）和外伤出血，或因天气炎热、劳役过度、跌打损伤，致使血离脉络。肺胃热盛鼻血，血液呈滴状或线状，由一侧或两侧鼻孔流出，色多鲜红不含泡沫，伴有咳嗽发热症状；肝火鼻血，目赤多眵，口色潮红等。

方　一

【组方】仙鹤草 60 克、白及 30 克、侧柏叶 500 克、当归 60 克、生地 30 克、枝仁 60 克、麦冬 60 克，鲜丝茅根 1 000 克为引。

【用法】煎水灌服。

方　二

【组方】冰片 5 克、血余炭 5 克。

【用法】将牛头抬起，淋冷水，用冰片、血余炭研末吹入牛鼻内。

4. 牛喘气病

【症状】气喘是肺经积热气逆之症，常见病牛精神不振，低头张口，气促喘粗，并间发空咳，鼻流黏液，呼吸有声，鼻翼扩张，大便干燥，小便短赤，严重时出现停食，呼吸极度困难。

方　一

【组方】杏仁 50 克、款冬花 40 克、紫菀 50 克、葶苈子 50 克、瓜蒌 40 克、木香 50 克、金银花 60 克、香附 50 克、甘草 20 克。

【用法】煎水灌服。

方　二

【组方】瓜蒌 50 克、葶苈子 50 克、枳壳 50 克、杏仁 50 克、双皮 60 克、防风 50 克、桔梗 50 克、白芍 50 克、法半夏 40 克、枇杷叶（去毛）100 克。

【用法】煎水灌服。

方　三

【组方】苏子 20 克、杏仁 30 克、桑皮 30 克、葶苈子 20 克、连翘 20 克、百部 30 克、花粉 30 克、桔梗 40 克、知母 30 克。

【用法】煎水灌服。

方　四

【组方】白矾 30 克、郁金 50 克、大黄 60 克、葶苈子 50 克、黄连 30 克、黄芩 30 克、贝母 30 克、白芷 30 克、甘草 15 克、蜂蜜 250 克，猪肺 250 克为引。

【用法】煎水灌服。

方　五

【组方】桑叶 150 克、石膏 200 克、甘草 30 克、人参 30 克、麻仁 150 克、麦冬 60 克、杏仁 60 克、红枣 100 克、枇杷叶（去毛）100 克。

【用法】煎水灌服。

方　六

【组方】青蒿、水杨柳、金银花藤、麦冬、石膏、百合、枇杷叶、桑叶各适量，水灯芯为引。

【用法】煎水灌服。

方　七

【组方】黄芩 150 克、黄柏 50 克、大黄 80 克、白芷 30 克、石苇 60 克、葶苈子 60 克、胆草 60 克、白矾 40 克、贝母 40 克、郁金 50 克、甘草 10 克，蜂蜜为引。

【用法】煎水灌服。

方　八

【组方】生石膏 250 克、麻黄 30 克、杏仁 35 克、蒲公英 200 克、黄芩 60 克、连翘 60 克、甘草 25 克。

【用法】煎水灌服。

方　九

【组方】百部 60 克、瓜蒌 60 克、尖贝 40 克、广木香 40 克、双皮 60 克、苏子 30 克、款冬花 30 克、知母 30 克、木通 30 克。

【用法】煎水灌服。

5. 牛肺痨

【症状】本病由于使役无时，肺气亏损，致使肺气郁滞不舒，日趋衰弱，累积成痨。常见食欲减退，精神沉郁，双眼闭无神，呼吸急促，发热、盗汗、咳嗽、咳痰，四肢无力，鼻流臭液，气喘加剧等。《牛经大全》曾提到："肺痨多眼闭，四脚不能抬。"

方　一

【组方】杏仁 50 克、紫菀 30 克、知母 30 克、贝母 50 克、桔梗 30 克、茯苓 50 克、白术 50 克、党参 40 克、瓜蒌 2 个、甘草 25 克。

【用法】煎水灌服。

方　二

【组方】知母、贝母、乌药、白矾、马兜铃、桑白皮、槐花、甘草各适量。

【用法】煎水灌服。

方　三

【组方】青木香 100 克、乌药 200 克、野生鸡根 250 克、花粉 200 克、青鱼胆 100 克、桑枝 200 克、黄栀子 100 克。

【用法】煎水灌服。

6. 牛感冒

【症状】本病多由外感风寒引起，患牛鼻镜干燥、无汗，流鼻液，耳根及全身发冷，四肢无力等。

方　一

【组方】樟树嫩芽、枫树嫩芽、杉树嫩芽、鱼腥草、车前草、葱、生姜各适量。

【用法】捣烂用开水泡，灌服。

方　二

【组方】柴胡、陈皮、独活、厚朴、木通、枝仁、山桂枝、半荷枫、石菖蒲、钩藤、大青根、山黄连、水灯心草、车前草、生姜各适量。

【用法】煎水灌服。

方　三

【组方】苏叶 20 克、陈皮 25 克、香附 30 克、葛根 60 克、升麻 25 克、白芍 30 克、白芷 25 克、麻黄 15 克、桂枝 20 克、甘草 10 克、大枣 20 克，生姜、葱根为引。

【用法】煎水灌服（适用于风寒感冒）。

方　四

【组方】黄芩 50 克、黄柏 50 克、苍术 30 克、秦艽 30 克、羌活 30 克、独活 50 克、连翘 40 克、金银花 50 克、茯苓 60 克、防风 40 克、甘草 10 克。

【用法】煎水灌服。

方　五

【组方】杉树嫩芽、樟树嫩芽、桃树嫩芽各适量。

【用法】用水搓碎取汁灌服，另用葱、生姜、豆豉适量煎水灌服。

方　六

【组方】北防风 40 克、干姜 10 克、麻黄 30 克、小茴香 20 克、羌活 30 克、桂枝 30 克、吴茱萸 30 克、独活 30 克、广皮 30 克、苍术 40 克、麦芽 40 克、神曲 1 克，苏子 30 克为引。

【用法】煎水灌服，结合针灸。

方　七

【组方】羌活 40 克、北风 40 克、独活 40 克、前胡 30 克、柴胡 40 克、桔梗 30 克、青木香 30 克、厚朴 30 克、陈皮 30 克、法半夏 30 克、香附 30 克、苍术 30 克、甘草 20 克。

【用法】煎水内服，连用 3 剂。

7. 牛肺黄（肺痈）

【症状】本病常由于灌药不慎，或患病时因吞咽机能紊乱，引起误咽药物或食物，导致肺叶化脓、腐败的一种疾病（西兽医又叫肺坏疽或坏疽性肺炎）。临床上常见发热咳嗽，鼻流脓血。初期呼吸困难、咳嗽、鼻流白色黏稠鼻液，精神不振、食欲减退；中后期患牛高热不退、口渴、喜饮水，咳嗽气喘，呼吸困难，鼻孔扩张，伸头直颈，鼻流黄脓，间带血液，气味腥臭，舌红苔黄，小便赤黄，大便干燥等症状。

方　一

【组方】黄栀子 30 克、黄芩 30 克、黄连 30 克、金银花 50 克、杏仁 40 克、麦冬 50 克、花粉 40 克、连翘 40 克、大黄 60 克、芒硝 120 克。

【用法】煎水灌服。

方 二

【组方】田菊花、金银花、野生鸡根、天花粉、桑枝、木升麻、黄荆根。

【用法】上药共 1 000 克，煎水内服。

（三）神经系统疾病

1. 牛中暑

【症状】本病多发生于炎热季节，由于栏舍狭窄、通风不良、夏季使役或长途运输，常见精神不振、目瞪头低、呼吸粗、结膜赤红、口渴、口流白沫等，严重时出现大热大汗、呼吸迫促、四肢发冷、口色青紫、浑身颤抖等。

方 一

【组方】木香 60 克、黄连 30 克、藿香 60 克、茯苓 80 克、木瓜 80 克、知母 100 克、生石膏 150 克、钩藤 70 克、金银花 100 克、佩兰 80 克、淡竹叶 60 克。

【用法】煎水灌服。

方 二

【组方】香薷 50 克、滑石 80 克、前仁 30 克、木通 30 克、厚朴 40 克、扁豆 50 克、甘草 20 克。

【用法】煎水灌服。

方 三

【组方】黄柏 50 克、黄芩 50 克、黄连 50 克、知母 50 克、金银花 100 克、菊花 100 克、双皮 50 克、鱼腥草 100 克、海金沙 100 克，黄荆叶、生石膏各 250 克为引。

【用法】煎水灌服。

方 四

【组方】老姜、柏叶、四季葱各适量。

【用法】共捣成汁，放入牛口中，然后术者将口中唾液点在牛眼角上。公畜左，母畜右。

方 五

【组方】厚朴、七叶黄荆、满山香、石菖蒲、钩藤、陈皮、枳壳、青木香、乌药各适量。

【用法】煎水灌服。

2. 牛蛇舌证（木舌证、南蛇证）

【症状】本病多发于夏末秋初，由于天气炎热，劳役过重，役热停胸，以致热邪注入心经。病牛舌伸口外，形似木杆不转缩，触之发热疼痛，其色青紫，采食困难，不敢嘴嚼，小便短赤，大便干燥，甚至气喘缩腹，《牛经大全》曾提到："木舌塞口似铁条，肚中饥瘦如水漂。"

方 一

【组方】雄黄 3 克、扬尘灰适量。

【用法】上药兑冷水洗口，结合舌底穴针灸（用小宽针、浅针，出血为止）。

方 二

【组方】川黄连 30 克、黄柏 20 克、黄芩 20 克、黄栀子 30 克、连翘 30 克、玄参 30 克、生石膏 30 克、牛蒡子 10 克、大黄 30 克、玄明粉 60 克、甘草 15 克，水灯芯（去头尾）15 根为引。

【用法】煎水灌服。

方 三

【组方】玄明 1.5 克、硼砂 1.5 克、冰片 1.5 克、朱砂 1.8 克。

【用法】研细末，取适量擦于舌上，一日 3 次。

方 四

【组方】黄连、黄芩、黄柏、连翘、大黄、金银花、射干、丹皮、人中黄各适量，伏龙肝为引。

【用法】煎水灌服。

方 五

【组方】蛇蜕、雄黄。

【用法】用纸包好，点燃熏患部。

方 六

【组方】黄连、青黛、射干、硼砂、冰片各适量。

【用法】共为末，吹于鼻孔和舌头。

方　七

【组方】马牙消、甘草、黄芩、黄连、郁金、大黄各适量。

【用法】煎水灌服。

方　八

【组方】吊扬尘 200 克、黄独 200 克、土黄连 100 克、田边菊 100 克、土连翘 100 克、小蜡树 200 克、苦茶树 200 克、薄荷 100 克、金银花 100 克、矮茶树 200 克、黄栀子根 200 克、车前草 100 克。

【用法】煎水灌服。

（四）泌尿系统疾病

1. 牛肾伤

【症状】本病是因牛肾损伤而引起的一种疾病。病牛常见腰肾疼痛，起卧困难，强行时后肢难移，收腰不起，不敢转弯，有时尿带红色，有吃草料、饮水不正常情况，以及头垂耳低等食欲不振的表现。

方　一

【组方】五灵脂 20 克、厚朴 20 克、萆薢 20 克、陈皮 20 克、茴香 20 克、自然铜 20 克、归尾 30 克、苦楝子 15 克、补骨脂 30 克、白芷 15 克、没药 15 克、葫芦巴 15 克。

【用法】煎水灌服。

方　二

【组方】五灵脂、苦楝子、白芷、陈皮、厚朴、茴香、当归、没药、自然铜各适量。

【用法】共研末，兑白酒 500 克，姜 15 克灌服。

方　三

【组方】金樱子 250 克、地骨皮 200 克、木通 50 克、豆豉根 500 克、茴香 200 克、青皮 200 克、萆薢 200 克。

【用法】煎水灌服。

2. 牛血尿

【症状】多因喂养失调、劳役过度所致，或公畜配种过多，或某些传染病、寄生虫病等都可引起。常见尿色红紫或如丝如条，排尿时弓腰伸头，疼痛不安，行走无力，严重时不能站立。先血后尿则为膀胱出血，先尿后血则为肾出血。

方 一

【组方】杉寄生、海金沙、车前草各适量。
【用法】煎水灌服，如尿少血多时，加独脚丝茅根。

方 二

【组方】旱莲草、金银花、海金沙、车前草、甘草各适量。
【用法】煎水灌服。

方 三

【组方】木通 60 克、车前草 60 克、萹蓄 50 克、大黄 50 克、滑石 50 克、瞿麦 60 克、黄栀子 60 克、甘草 10 克，水灯芯（去尾尖）100 克为引。
【用法】煎水灌服。

方 四

【组方】当归、红花、瞿麦、萹蓄、车前草、木通、泽泻、蒲黄、滑石、枝仁、甘草各适量。
【用法】煎水灌服。

方 五

【组方】生地 50 克、木通 50 克、甘草梢 30 克、瞿麦 40 克、滑石 70 克、白茅根 100 克。
【用法】煎水灌服。

方 六

【组方】黄柏 30 克、萹蓄 30 克、瞿麦 30 克、木通 30 克、枝仁 30 克、海金沙 30 克、生地 30 克、前仁 30 克、赤芍 30 克、甘草 10 克。
【用法】煎水灌服。

方 七

【组方】茱萸、益智仁、没药、芍药、巴戟、牛膝、秦艽、甘草、地骨皮、莪术各 50 克。
【用法】煎水加红花灌服。

方　八

【组方】车前草、水灯芯、映山红、黄栀子、土黄芩、田菊花、土牛藤各适量。

【用法】煎水灌服。

方　九

【组方】鱼腥草 250 克、车前草 200 克、黄栀子 9 个、生石膏（碎粉）150 克。

【用法】共捣碎，用井水搓汁过滤，灌服。

方　十

【组方】乌龙摆尾 200 克、六月凌 250 克、田乌泡 250 克、仙鹤草 200 克、海金沙 200 克、车前草 200 克、水灯芯（去头尾）200 克、念珠子 250 克、茴香秆 200 克。

【用法】煎水灌服，连服 4 剂。

3. 公牛吊鞭（阴茎脱垂）

【症状】因饲养不良、使役过度、老弱体瘦，或因阴茎外伤引起。常见阴茎下垂，不能缩回，日久包皮浮肿，甚至溃烂，排尿困难。因肾虚引起者，患牛身瘦毛焦、畏寒肢冷、食欲减退、小便清长等。

方　一

【组方】黄芪 250 克、乌贼骨（研粉）200 克。

【用法】黄芪煎水，兑乌贼骨灌服。

方　二

【组方】黄连、黄柏、黄芩、海金沙、七叶黄荆、凤尾草、苦叶各适量。

【用法】煎水灌服，用艾煎水清洗牛鞭，并艾灸百会穴。

方　三

【组方】丹参 60 克、大力黄 120 克。

【用法】煎水灌服。

方　四

【组方】肉苁蓉 30 克、巴戟天 20 克、菟丝子（盐炒）20 克、补骨脂（盐炒）15克、杜仲（盐炒）20克、淮山30克、茯神30克、党参30克、当归30克、益智仁20克。

【用法】煎水灌服，每天1剂，连服5剂。如阳虚，加金毛脊（去毛）30克，阴虚加知母（酒制）30克，配种量大引起的，加蒺藜30克（适用于肾虚引起）。

4. 牛膀胱炎

【症状】病牛尿意频数，不断努责，常作排尿姿势，但无尿排出，或仅有少量尿液流出。有时病牛呈现烦躁不安，前肢刨地或后肢踢腹；有时公牛可见阴茎勃起，母牛频频张开阴门。从直肠内触压膀胱，病牛表现疼痛不安。

方 一

【组方】鱼腥草60克、益母草50克、车前草50克、黄连30克、瞿麦30克。

【用法】煎水灌服。

方 二

【组方】海金沙（全草）100克、木通40克、车前草（全草）50克、滑石50克、甘草20克。

【用法】煎水灌服。

5. 牛砂石淋病（尿道结石）

【症状】因长期饮喂矿物质含量高的饲料或饮水而引起。常见病牛弓背蹲腰，站卧不安，后肢张开，排尿呈细流或点滴而出，阴茎时而伸出，严重时疼痛不安，不见排尿或排少量血尿，有呻吟吼叫等症状。

方 一

【组方】海金沙1 000克、车前草1 000克、鸡内金250克。

【用法】煎水灌服。

方 二

【组方】前仁30克、瞿麦25克、扁曲30克、滑石30克、黄栀子30克、大黄25克、木通30克、猪苓30克、泽泻30克、条芩30克、小豆20克、甘草15克，金钱草、海金沙各120克为引。

【用法】煎水灌服（适用于小便淋漓、带血）。

方 三

【组方】牵牛200克、滑石100克、木通100克、续断125克、桂心150

克、厚朴 50 克、豆蔻 50 克、白术 150 克、黄芩 150 克。

【用法】煎水灌服。

方　四

【组方】六月凌、水杨柳、黄栀子根、海金沙、车前草、金银花、水灯芯、铁马鞭各适量。

【用法】煎水灌服。

方　五

【组方】地龙、地虎、红糖、车前草各适量。

【用法】煎水灌服。

6. 公牛阳痿

【症状】常见病牛在交配、采精，或见到母牛性反应冷淡，阴茎不能勃起，或有性反射但阴茎不举、举而不坚；也有公牛阴茎麻痹不能回缩，或者有爬跨动作但不能完成交配全过程；触摸阴茎时，表现有波动现象，无发炎症状。

方　一

【组方】熟地 100 克、白术 20 克、当归 60 克、枸杞 60 克、杜仲 60 克、巴戟 90 克、山茱萸 60 克、淫羊藿 90 克、肉苁蓉 90 克、韭菜籽 80 克、党参 100 克、肉桂 30 克。

【用法】煎水灌服，连服 6 剂。

方　二

【组方】甲鱼血、当归、黄芪、乌贼骨、桔梗各适量。

【用法】煎水灌服。

7. 种公猪血尿

【症状】本病由于尿道炎或生殖器外伤或配种频繁所引起。常见尿内混有血液，有的排尿后出血，有的在交配时精液呈红色等。

方　一

【组方】淫羊藿 15 克、蒲黄 15 克、红花 10 克、黄芪 15 克、党参 20 克。

【用法】煎水内服。

方　二

【组方】陈萝卜籽 20 克、仙鹤草 15 克、黄柏 20 克、泽泻 15 克、小茴香

15 克、当归 20 克。

【用法】煎水内服。

（五）其他疾病

1. 牛盘肠症

【症状】病牛发病时前肢扒地、头打腹部、口流涎、常伴有叫声等。

【组方】陈皮 30 克、青皮 30 克、藿香 30 克、神曲 30 克、麦草 30 克、吴茱萸 20 克、小茴香 20 克、木香 30 克、槟榔 20 克、伏毛 30 克、厚朴 30 克、贯众 25 克、苍术 25 克、枳壳 25 克、桔梗 25 克、乌药 30 克、云苓 30 克。

【用法】煎水灌服。

2. 牛肝黄

【症状】牛肝黄乃肝经积热、血液瘀滞成黄肿之症。常见眼结膜发黄，舌苔黄，食欲减退，反刍停止，精神恍惚，烦躁不安，不时昂头摆尾，乱走不停，用手按右侧倒数第五肋骨间有疼痛表现。病重时，呼吸喘促，起立困难，后即死亡。

方 一

【组方】天竹黄 60 克、生地 60 克、玄参 60 克、柴胡 100 克、龙胆草 120 克、青葙子 30 克、石决明 60 克、大黄 90 克、芒硝 100 克、枳实 100 克、黄芩 30 克。

【用法】煎水分早晚灌服。

方 二

【组方】茵陈 60 克、胆草 50 克、黄栀子 40 克、大黄 50 克、黄芩 30 克、黄柏 30 克、连翘 30 克、木通 25 克、甘草 20 克。

【用法】煎水分早晚灌服。

方 三

【组方】天竹黄、黄芩、玄参、车前子、甘草、青葙子、石决明、木贼、川大黄、竹笋、朴硝、枳壳、胆草各适量。

【用法】煎水灌服。

方 四

【组方】青鱼胆（木本）200 克、钩藤 200 克、人中黄 100 克、射干 100 克、蒲公英 150 克、土升麻 200 克、金银花 150 克、青木香 200 克。

【用法】煎水灌服。

3. 牛黄疸症

【症状】本病常发于冬末春初季节，由于长期滞留牛舍，或采食霉烂有毒饲料或酸性饲料引起。病牛口呈黄色，舌带黄色，尿褐色，全身颤抖。严重者头撞墙壁、缩肩，如不及时治疗则造成死亡。

方　一

【组方】茵陈 60 克、龙胆 30 克、柴胡 30 克、郁金 30 克、赤芍 20 克、黄柏 20 克、牛蒡子 20 克。

【用法】煎水，鸡蛋 4 个（取蛋清），兑药灌服。

方　二

【组方】茵陈 100 克、黄栀子 100 克、龙胆草 50 克、大黄 100 克、板蓝根 100 克、蒲公英 100 克、金钱草 100 克、生地 100 克、车前草 150 克、田基黄 50 克。

【用法】煎水灌服。

方　三

【组方】矮地茶 200 克、路边荆 250 克、白花茵陈 200 克、细叶青蒿 250 克、青鱼胆 200 克、十大功劳 200 克、田基黄 200 克、百解根 500 克。

【用法】煎水灌服，连服 4 剂。

方　四

【组方】胆草 60 克、生地 30 克、滑石 30 克（另包）、柴胡 30 克、泽泻 45 克、当归 45 克、金箔 15 克、黄柏 60 克、茵陈 60 克、甘草 5 克。

【用法】煎水灌服，连服 4 剂。

方　五

【组方】青葙子、石决明、石膏、草决明、龙胆草、木贼、云精石、黄芩。

【用法】煎水加蜂蜜 200 克灌服。

方　六

【组方】青鱼胆 200 克、棕树根 150 克、白荞 100 克、黄菊花 100 克、青蒿 100 克、石膏 150 克。

【用法】煎水灌服。

4. 牛全身水肿

【症状】患牛全身浮肿，有的形似河马，不吃不喝等。

【组方】茯苓、白芍、生姜、焦白术、附片、肉桂、丹参、猪苓、泽泻、冬瓜皮、澄茄、茴香、豆蔻各适量。

【用法】煎水灌服，并艾灸百会、肾俞等穴。

三、外科疾病

（一）牛风湿病（软脚病、坐栏风、木马症）

【症状】由于气候条件变化、饲养管理不良，体虚、阳气不足、五阳不固。风寒湿邪乘虚侵袭，流走经络而致气血运行不畅，引起肌肉肿痛。本病多发于冬、春两季。轻者步行困难，重者卧栏不起，患牛四肢厥冷、肌肉颤抖、耳鼻发凉等。

方 一

【组方】小茴香 30 克、木瓜 30 克、防己 30 克、南星 25 克、二丑 30 克、陈皮 40 克、白芷 40 克、细辛 20 克、巴戟 30 克、葫芦巴 40 克、川楝子 30 克、补骨脂 40 克、木通 35 克、良姜 30 克、威灵仙 35 克。

【用法】煎水灌服，针灸百会、肾棚、肾角穴。

方 二

【组方】人参 30 克、桂心 20 克、当归 60 克、独活 60 克、黄芩 100 克、干姜 30 克、石膏 120 克、杏仁 40 克、甘草 18 克。

【用法】煎水灌服。

方 三

【组方】钻山风、石南藤、过风藤、老钩藤、半荷枫、刺楸、伸筋草各适量。

【用法】煎水灌服。

方 四

【组方】过山龙、钻地风、半荷枫、伸筋草、丹参、威灵仙、破阳伞、乌药各适量。

【用法】煎水灌服（怀孕母牛慎用）。

方　五

【组方】钻地风、边荷枫、石南藤、木瓜树根各适量。

【用法】煎水兑白酒灌服。

方　六

【组方】防己 50 克、过山龙 60 克、萆薢 40 克、独活 50 克、云苓 50 克、木瓜 50 克、伸筋草 40 克、威灵仙 40 克、桑寄生 50 克、甘草 10 克。

【用法】煎水灌服。

方　七

【组方】独活、寄生、当归、苍术、秦艽、续断、羌活、防风、木瓜、桂枝、白芍、甘草各适量。

【用法】煎水灌服，偏热去桂枝加黄芩、薏米；孕畜加白术、紫苏根。

方　八

【组方】防风 60 克、边荷枫 100 克、大活血 100 克、石楠藤 60 克、萆薢 60 克、当归 50 克、松树节 5 个。

【用法】煎水灌服，加针灸，四蹄毛边针（有毛无毛交界处）、八卦、百会穴。

方　九

【组方】独活 60 克、寄生 60 克、秦艽 60 克、当归 50 克、熟地 50 克、白芍 50 克、茯苓 40 克、杜仲 50 克、牛膝 50 克、党参 40 克、桂枝 30 克、防风 30 克、细辛 20 克，白酒 100 克为引。

【用法】煎水灌服。

方　十

【组方】人尿、闹羊花根各适量。

【用法】人尿煎闹羊花根，用棕树叶或松树叶趁热擦脚。

方　十一

【组方】独活 30 克、秦艽 30 克、续断 30 克、威灵仙 30 克、过山龙 40 克、木通 30 克、牛膝 20 克、松节 30 克，石菖蒲为引。

【用法】煎水灌服。

方 十二

【组方】防风 25 克、羌活 25 克、天麻 20 克、胆南星 20 克、炒僵蚕 20 克、蝉蜕 30 克、全蝎 15 克、细辛 10 克、白芷 25 克、红花 10 克、姜半夏 20 克。

【用法】煎水灌服，加黄酒 200 克为引。

方 十三（适用于马、驴）

【组方】羌活 30 克、独活 30 克、秦艽 30 克、续断 30 克、地龙 30 克、防风 30 克、蝉蜕 15 克、全虫 10 克、鸡血藤 200 克、石南藤 30 克、海风藤 50 克、大活血 150 克、桑僵蚕 25 克、过山龙 150 克、五加皮 25 克、威灵仙 25 克、甘草 20 克、土鳖 15 克。

【用法】煎水兑白酒 100 克灌服（适用于全身僵硬、站立如木、不能开足）。

方 十四

【组方】黄荆嫩芽、松树嫩芽、杉树嫩芽、桃树嫩芽、樟树嫩芽、木瓜树嫩芽、柳树嫩芽。

【用法】以上 7 种树嫩芽加明矾熬成汁，再加适量冷水灌服。

方 十五

【组方】乌蛇、全蝎、蝉蜕、厚朴、当归、麻黄、川芎、乌头、桂心、防风、白附、天冬各适量。

【用法】煎水兑白酒 500 克灌之立效。

方 十六

【组方】土升麻、大南藤、桂枝、三白草、内红消、钩藤、刺春头、路边荆、防风、边荷枫、辣蓼叶。

【用法】以上药 1 000 克（干），煎水灌服。

方 十七

【组方】桂枝、通草、五加皮、五加风、钻地风、钩藤、威灵仙、车前草、水灯芯各适量。

【用法】煎水灌服，对猪风湿性蹄痛有效。

（二）牛（马）腐蹄病

【症状】病牛蹄叉、蹄底发黑腐烂，易于脱落，严重者挤压腐烂部位有黑水流出，病畜跛行，并伴有体温升高等症状。

方　一

【组方】黄柏 50 克、苍术 40 克、南星 40 克、金银花 60 克、大黄 50 克、防己 40 克、桂枝 30 克、威灵仙 40 克、蒲公英 60 克、桃仁 35 克、红花 30 克、黄芪 50 克、胆草 35 克。

【用法】煎水灌服。

方　二

【组方】千里光、金银花、蒲公英、紫花地丁、十大功劳各 500 克。

【用法】煎水洗蹄，如有脓血腐败物，干燥后再涂玉红膏加升丹（三七丹）包扎。

方　三

【组方】石菖蒲 2 500 克、艾叶 100 克、橘子叶 1 000 克、四季葱 250 克、老姜（用盐炒制）250 克。

【用法】先将人尿煎热洗蹄部，药煎水灌服。

方　四

【组方】桐油、枯矾。

【用法】桐油烧热，枯矾研末，调匀擦患部。

方　五

【组方】地榆 10 克、血竭 50 克、没药 10 克、乳香 10 克、红花 30 克、生地 10 克。

【用法】用桐油（文火）放锅内熬（血竭后放），待起丝，冷却后涂患处。

方　六

【组方】桐油 250 克、血余炭 10 克、旱烟 20 克、蛇蜕 10 克、黄蜡 5 克。

【用法】先用千里光、艾叶各适量煎水洗患部，再涂药（将桐油烧开，放入血余炭和旱烟加沸，再放蛇蜕、黄蜡搅拌，文火熬至牵丝止）。

方　七

【组方】连翘 60 克、牛蒡子 60 克、生地 60 克、归尾 40 克、白芷 30 克、黄柏 40 克、黄芩 40 克、防风 30 克、荆芥 15 克、甘草 10 克。

【用法】煎水灌服。

方　八

【组方】白醋、食盐各适量。

【用法】将食盐用开水冲泡加白醋待温洗患部。

方　九

【组方】血余炭 50 克、冰片 3 克、桐子壳（烧灰）50 克、桐油 120 克。

【用法】桐油烧开，加上述药粉拌匀，待冷后做成敷料敷患处。

方　十

【组方】川柏 100 克、黄芩 150 克、白细辛 150 克、见风消 100 克、苦参 100 克、小松树根 60 克、百解根 150 克、过山龙 100 克、过墙风 100 克、山木通 100 克、松节 3 个、甘草 15 克。

【用法】煎水灌服，连服 3 剂。

方　十一

【组方】刺楸 250 克、金银花 250 克、毛贯众 250 克、内红消 500 克、大血藤 120 克、鸡血藤 120 克、草薢苑 500 克、刺五加 500 克、土牛膝 120 克。

【用法】煎水灌服，适用于发病初期。

方　十二

【组方】连翘 60 克、牛蒡子 60 克、赤芍 20 克、花粉 30 克、生地 60 克、归尾 60 克、黄柏 30 克、防风 30 克、荆芥 15 克、木瓜 60 克、牛膝 20 克。

【用法】煎水灌服，适用于发病后期。

方　十三

【组方】硫黄、茶油各适量。

【用法】茶油、硫黄同熬成膏，涂擦患处。

（三）牛四肢肿痛

【症状】病初患牛表现为跛行，局部出现热痛肿胀，皮肤呈紫红色，触诊患部疼痛加剧，十分敏感。站立时患肢不敢负重，迈步时蹄尖着地或三脚跳，作点头运动。有时体温升高，全身症状不明显，但不能站立，长期卧地。

方　一

【组方】威灵仙 30 克、木通 40 克、牛膝 50 克、贯众 30 克、乌药 30 克、过山龙 50 克、骨碎补 30 克、金银花 30 克、见红消 50 克，水桐树根、白酒为引。

【用法】煎水灌服。

方　二

【组方】威灵仙 50 克、乌药 30 克、地风 60 克、过山龙 40 克、牛膝 40克、黄柏 50 克、黄芩 50 克、贯众 40 克、金银花 40 克、内红消 60 克。

【用法】煎水灌服。

方　三

【组方】金银花、千里光、秤星树、野菊花各适量。

【用法】煎水洗患处。

方　四

【组方】青黛 60 克、滑石 60 克、熟石膏粉 60 克、轻粉 15 克、血竭 30克、黄柏 120 克、黄蜡 60 克、桐油 500 克。

【用法】前五味药研末，桐油烧开，加入黄柏共熬，等黄柏熬枯后加黄蜡，待药冷至 60℃ 时，再加入其他药物使其成膏，涂患处。然后用桑树枝燃烧，在患部两边微烤（相隔一定的距离）。每天敷药，微烤 1 次，7 天为 1 个疗程。

方　五

【组方】黄柏 60 克、苍术 45 克、南星 25 克、桂枝 20 克、防己 45 克、威灵仙 30 克、桃仁 60 克、红花 30 克、胆草 45 克、白芷 60 克、人中黄（不煎）60 克。

【用法】煎水灌服。

方　六

【组方】荆芥、防风、白术、陈皮、当归、川芎、条芩、枝仁、钩藤、薄荷、木通、内红消、甘草各适量。

【用法】煎水灌服（适用于牛蹄脱壳）。

（四）牛创伤（犁、耙、铁器创伤）

【症状】牛耕种时由于管理不当或使役时因牛劣性发作所致。患牛由于犁、耙、铁器所伤，有明显伤口，出现红、热、肿、痛病状，并伴有食欲减退等。

方　一

【组方】铁锈。

【用法】锈铁开水冲泡，加少许食盐，待温热浸洗患处，连用 2 次即愈。

方　二

【组方】杉树炭、红蚯蚓。

【用法】用烧红杉树炭捣碎拌红蚯蚓作成敷料敷患处。

方　三

【组方】桎木叶、芒其草。

【用法】上药捣烂敷患处。

方　四

【组方】龙骨、寒水石、白及、血竭、没药、白芷、金银花、黄柏、大黄、枝仁各等份。

【用法】先用盐水洗净患处，再撒下上述药粉，每天换药 1 次，2～3 天后加少量冰片，以助生肌。本方适用于创伤腐烂。

方　五

【组方】金银花藤、千里光、野菊花、食盐各适量。

【用法】煎水洗患蹄伤口。

方　六

【组方】爬地蜈蚣草。

【用法】捣碎敷患部，连续 2 次即可。

方　七

【组方】木炭（烧红）、蚯蚓（用清水洗净尘泥，取其活者）。

【用法】木炭、蚯蚓充分捣碎，使之成为乌黑发亮、干湿适宜并具有一定黏性的药膏。过干时加蚯蚓，过湿时加木炭。取药膏敷于患处进行包扎即可，每天换 1 次，现用现配。

（五）牛跌打损伤

【症状】由于放牧和行走摔跌或被石头、木棒等硬物撞打所致。伤在前身时，常见呼吸不匀、前身发冷。伤在后身时，常见大小便结、腹部胀气。伤在四肢时，呈跛行。伤左（右）侧时，表现头回顾左（右）侧等。

方 一

【组方】田七 40 克、秦芃 40 克、续断 40 克、红花 30 克、归尾 30 克、桃仁 30 克、台乌 50 克。

【用法】煎水灌服。

方 二

【组方】五加皮 30 克、杜仲 30 克、骨碎补 30 克、当归 20 克、续断 20 克、木香 15 克、乳香 15 克、没药 15 克、川芎 20 克、白芍 20 克、牛膝 15 克、红花 15 克、自然铜 15 克。

【用法】共研末，加黄酒调服。

方 三

【组方】内红消 200 克、骨碎补 40 克、石乳香 25 克、红花 15 克、川牛膝 30 克、自然铜 40 克、大活血 250 克、归尾 30 克、三七 20 克、桃仁 25 克、川乌 15 克、草乌 15 克、白芷 100 克、甘草 20 克、桑枝 60 克，童便为引。

【用法】煎水灌服（适用于骨折）。

方 四

【组方】生地、归尾、骨碎补、枝仁、自然铜、白及、田七各适量。

【用法】上药研末，用面粉或荞麦粉、红糖调敷患处，每三日换 1 次（适用于骨折）。先手术复位，用杉皮夹板固定再敷药。

方 五

【组方】铁凉伞根、苎麻根、百鸟不宿根（皮）、野荞麦根、仙桃草、骨碎补、五味子根、土鳖、自然铜各适量。

【用法】上药研末，红糖调敷。先手术复位，固定。

（六）牛弹琴腿

【症状】病牛行走时，病肢膝、跗关节高度伸展，后肢向后伸直，甚至拖拽刮地前进，有时在强迫运动过程中能听到"喀嗒"声而自行矫正，恢复正常步态。触诊病部3条髌直韧带（内、中、外）异常紧张，手术疗法用髌内直韧带切断术可以恢复，但也有复发的。

【组方】山桂枝150克、牛膝100克、木通150克、威灵仙80克、钻山风150克、过山龙150克、大活血150克、穿破石、楠竹根（7个节长，地表上）100克。

【用法】煎水灌服。

（七）牛烫火伤

【症状】患牛受伤部位常出现皮肤潮红、发热疼痛、起水泡等，严重时皮焦肉烂、流脓，并伴有口渴、便秘等症状。

方 一

【组方】黄柏30克、黄芩30克、金银花30克、麦冬30克、防风15克、荆芥15克、大黄60克、芒硝15克、土茯苓30克、甘草15克。

【用法】煎水灌服。另用地榆500克、冰片15克，研末后用麻油调擦。

方 二

【方组】金银花、桎木花、木芙蓉花、冰片、麻油各适量。

【用法】取鲜金银花、鲜桎木花、鲜木芙蓉花加冰片浸麻油涂擦患处。

方 三

【组方】黄连30克、冰片12克、青黛60克、荷叶90克、鸡蛋清适量。

【用法】共研细末，调蛋清涂患处。

方 四

【组方】陈石灰1 500克、鸡蛋3～5个。

【用法】取陈石灰水上清液，调鸡蛋清和匀后涂擦患部。

方 五

【组方】黄连、地榆各等份，冰片，鸡蛋3～5个。

【用法】黄连、地榆研粉加冰片调蛋清涂患部，每天换1～2次。

方　六

【组方】新鲜的老茶叶、冰片各适量。

【用法】将新鲜的老茶叶捣浓汁加冰片少许涂擦患处。

方　七

【组方】黄连、黄柏、黄芩、黄栀子、刘寄奴、甘草各适量。

【用法】煎水灌服。

方　八

【组方】陈石灰 1 000 克、茶油 1 000 克。

【用法】取陈石灰水上清液加茶油搅匀擦脚，每天 3 次（适用于石灰水伤蹄）。

方　九

【组方】鸡爪黄连、葛根虫、冰片（少许）、麻油。

【用法】鸡爪黄连适量加少许开水磨成汁，葛根虫数条焙枯研成末，冰片、麻油适量，混合调匀涂于患部。

方　十

【组方】陈茶叶、熟石灰、桐油各适量。

【用法】先取陈茶叶泡水，再取熟石灰加入茶叶水内搅拌后使其沉淀，然后取上清液加入桐油内，边加边搅拌，至形成白胶状后，用以涂患部。

方　十一

【组方】黄连 25 克、黄芩 30 克、黄柏 30 克、白芷 40 克、金银花 30 克、胆草 30 克、茯苓 30 克、枝仁 30 克、大黄 30 克、生地 30 克、甘草 10 克。

【用法】煎水灌服。火伤用陈茶叶水调服，水伤用麻油调服。

方　十二

【组方】黄连 30 克、黄柏 30 克、生地 30 克、白芷 40 克、冰片 20 克、大黄 30 克、石乳香 20 克。

【用法】共研末。用陈茶叶煎水，调药涂患处。

（八）牛鹤膝症

【症状】患牛后肢飞节处开裂流水，本病以水牛多见。

方　一

【组方】血余炭 100 克、五倍子 20 克、孩儿茶 15 克、松香 10 克、熟石膏 15 克、土白蜡 10 克、冰片 2 克。

【用法】共研细末，涂擦患处或干敷。

方　二

【组方】生远志、汉防己、绿升麻、薏米、刺皂角、秦当归、香白芷、金银花、淮木通、甘草梢各适量。

【用法】煎水灌服。

方　三

【组方】桐子树叶、金银花藤、千里光、枫树球、艾叶各适量。

【用法】煎水洗患处。

（九）牛肩癀

【症状】本病由于使役不当所致。病初肩部发红发肿，皮下有如球团硬块。随后肿胀部位变软化脓，局部肿胀缩小。有的破口流脓，不及时诊治便成管子瘘。

方　一

【组方】黄连 60 克、黄芩 60 克、黄柏 60 克、金银花 80 克、黄栀子 60 克、菊花 50 克、白芷 60 克、前仁 60 克、荆芥 40 克。

【用法】煎水灌服。

方　二

【组方】桃仁 30 克、红花 20 克、木通 30 克、当归 30 克、白术 30 克、生地 30 克。

【用法】煎水灌服。

方　三

【组方】牛皮消（隔山消）、八叶麻各适量。

【用法】共捣烂敷患部。

方　四

【组方】铜绿、胆矾各适量。

【用法】将上药研成细末做成丸子植入皮下。

方　五

【组方】见风消 250 克、过墙风 250 克、苦茶树 250 克、刺楸 250 克、矮地茶 250 克、金银花 250 克、醉鱼草（吊扬尘）250 克、田边菊 500 克、车前草 250 克，水灯芯 1 把为引。

【用法】煎水灌服。

方　六

【组方】郁金、苦参、人参、麻黄、薄荷、沙参、甘草各 25 克。

【用法】煎水加蜂蜜 200 克灌服。

方　七

【组方】见风消 150 克、青鱼胆 150 克、金银花 100 克、贯众 100 克、车前草 100 克、田菊花 100 克、内红消 100 克、映山红 150 克。

【用法】煎水灌服。

四、眼科疾病

（一）牛眼结膜炎

【症状】本病多因牛外感湿热或肝经风火上注于目引起，也因毒虫、异物刺激所致。患牛常见眼结膜潮红、肿胀、疼痛、痒、流泪、畏光、小便赤黄等。

方　一

【组方】小云连 15 克、冰片 5 克。

【用法】煎水洗眼部，2～3 次后见效。

方　二

【组方】柴胡 30 克、胆草 30 克、寸冬 30 克、木瓜 30 克、蒺藜 30 克、白芷 30 克、茵陈 30 克、白芍 30 克、黄连 30 克、草决明 30 克、菊花 30 克、甘草 15 克。

【用法】煎水灌服。

（二）牛胬肉翻睛

【症状】病牛因眼结膜发炎或久患未治而引起。常见上下眼睑翻露如块、红肿，严重的呈暗红色或黑褐色，继而局部组织坏死。

方 一

【组方】马鞭草 50 克、冰片少许。

【用法】将马鞭草洗净后捣汁，用纱布过滤，放冰片涂擦。

方 二

【组方】石螺、冰片。

【用法】将石螺洗干净，冰片研成粉放石螺口内，取液涂眼睛内，每天 3～4 次。

方 三

【组方】黄连 30 克、黄芩 50 克、黄柏 50 克、煅石决明 50 克、草决明 50 克、秦皮 50 克、川芎 40 克、木贼草 60 克、菊花 40 克。

【用法】煎水灌服。

方 四

【组方】煅石决明 50 克、草决明 50 克、大黄 40 克、黄芩 30 克、黄栀子 30 克、菊花 30 克、白芍 30 克、蝉蜕 30 克。

【用法】研成细末，开水冲，候温灌服。

方 五

【组方】土茵陈 150 克、黄菊花 150 克、千里光 150 克、龙胆草 100 克、柴胡 120 克。

【用法】煎水灌服。同时，用老茶叶煎水加少许食盐洗眼。

方 六

【组方】芭蕉树根。

【用法】煎水擦洗眼睛，每天 2 次，连用 3 天。

方 七

【组方】黄柏 50 克、黄芩 50 克、黄连 50 克、草决明 40 克、石决明 40 克、大黄 60 克、蒙花 40 克、菊花 60 克、木通 30 克、茯苓 30 克、甘草 20 克。

【用法】煎水灌服。

方　八

【组方】龙胆草 60 克、黄栀子 100 克、黄芩 100 克、柴胡 60 克、木通 60 克、泽泻 60 克、黄芩 100 克、草决明 100 克、青葙子 100 克、谷精草 100 克、石决明 100 克。

【用法】煎水灌服，外用陈茶叶、食盐、艾叶煎水洗眼。

方　九

【组方】菊花 30 克、草决明 20 克、石决明 30 克、生地 50 克、黄栀子 30 克、玄参 30 克、蒺藜 30 克、蝉蜕 15 克、薄荷 10 克。

【用法】煎水灌服，如火重加大黄 30 克。

（三）牛白云遮珠

【症状】本病多发生于夏秋季节，常由于肾亏、寒热不清、结膜炎、眼睑内翻等原因引起。常见一只或两只眼睛的黑珠上生白膜，上眼皮呈苍白色肿胀，畏光流泪，严重时失明等。

方　一

【组方】铁马鞭适量。

【用法】捣碎成汁点眼。

方　二

【组方】蛇蜕、蝉蜕、冰片各适量。

【用法】研粉，再用路边荆烧成灰，加水调匀后点眼睛。

方　三

【组方】野菊花、千里光、野荆芥、谷精草、夏枯球、木贼草、草决明、青木香、地骨皮、车前草、薄荷各适量。

【用法】煎水灌服。先用竹节烧灰，细磁片（醋制）取液、冰片、燕窝泥，混合敷眼部。也可用冬桑叶、薄荷、艾叶泡水，加食盐少许洗眼。

方　四

【组方】谷精草 40 克、黄连 30 克、木贼 30 克、夜明砂 30 克、石决明 25 克、密蒙花 30 克、菊花 30 克、胆草 20 克。

【用法】煎水灌服。

方　五

【组方】白菊花 60 克、海金沙 80 克、谷精草 60 克、夜明砂 40 克、鱼腥草 60 克、乌药（叶）50 克。

【用法】煎水灌服。用第二次煎出的水加老茶叶再煎水洗眼睛。

五、产科疾病

（一）牛胎动

【症状】本病多发于母牛怀孕后期。常见精神不安、食欲减退、回头顾腹。严重者，时起时卧，呼吸急促，弓背努责，常作排尿姿势等。

方　一

【组方】全当归 30 克、川芎 10 克、巴戟 30 克、肉苁蓉 30 克、白术 100 克、云苓 50 克、炙黄芪 10 克、菟丝子 40 克、熟地黄 40 克、川杜仲 30 克、黑故子 30 克、西党参 60 克、何首乌 30 克、炙甘草 10 克，紫苏根 3 个为引。

【用法】煎水灌服。

方　二

【组方】全身紫苏根 1 个、茴香根 1 个、当归 50 克、党参 50 克、陈皮 20 克、甘草 15 克。

【用法】煎水灌服。

方　三

【组方】当归 30 克、川芎 20 克、熟地 30 克、白芍 30 克、党参 30 克、云苓 30 克、白术 30 克、炙草 10 克。

【用法】煎水灌服。有炎症时加黄芩 30 克，脚痛时加桑寄生 30 克，怀孕 2 个月后吃此方可保胎。

方　四

【组方】益母草 30 克、白芷 30 克、白芍 25 克、归尾 20 克、川芎 5 克、前仁 30 克、红花 10 克、连翘 25 克、淮木通 25 克、金银花 25 克、条芩 25 克、甘草 15 克，童尿 1 杯为引。

【用法】煎水灌服（适用于牛产后清瘀）。

（二）牛胎衣不下

【症状】母牛分娩后，经过 12 小时以上胎衣尚未正常排出，多因妊娠期间营养不良或运动不足、临产时间过长、子宫收缩不力而引起。

方　一

【组方】益母草 150 克、柞树嫩芽 200 克、陈苋菜籽 200 克。

【用法】煎水灌服。

方　二

【组方】蝉蜕 20 克、蛇蜕 20 克、海金沙 30 克、炮甲 30 克、大戟 20 克、荷叶 100 克、滑石 80 克，米酒 250 克为引。

【用法】煎水灌服。

方　三

【组方】牛膝 60 克、苏木 60 克、红花 30 克、桃仁 30 克、赤芍 60 克。

【用法】煎水灌服。

方　四

【组方】五灵脂 50 克、益母草 150 克、香附 100 克。

【用法】煎水灌服。

（三）牛子宫脱出

【症状】患牛子宫或全部翻脱于阴门外，多发生于产后母牛或年老母牛。常见阴道及子宫脱出，如不及时复位，则引发炎症、红肿、硬结，导致化脓腐烂等。

方　一

【组方】黄芪 45 克、党参 60 克、当归 30 克、川芎 24 克、木通 60 克、陈皮 60 克、前仁 60 克、天台 60 克、益母草 60 克、枳壳 30 克、荆芥 30 克、滑石 120 克。

【用法】煎水灌服。

方　二

【组方】干艾、生姜各适量。

【用法】煎水洗脱出部分，再视情况作缝合。

方　三

【组方】力参 15 克、当归 30 克、川芎 10 克、阿胶 100 克、炙黄芪 30 克、炙草 10 克，艾叶（端午节的）为引。

【用法】煎水灌服（适用于虚症子宫下垂）。

方　四

【组方】胆草 30 克、枝仁 30 克、黄芩 30 克、柴胡 30 克、生地 30 克、车前 30 克、黄柏 30 克、生黄芪 30 克、党参 40 克，石菖蒲（端午节的）一根为引。

【用法】煎水灌服（适用于火症子宫下垂）。

（四）牛产后瘫痪

【症状】本病因饲养管理不善、栏舍通风漏雨、病牛久卧湿地，导致风湿传入筋骨所致。常见站立困难、后躯摇摆，重者卧地不起、食欲正常，如不及时治疗，则导致四肢瘫痪。

方　一

【组方】血当归、五加茨、过山龙、路边荆、边荷枫各 50～100 克。

【用法】煎水加适量白酒拌料喂服。

方　二

【组方】路边荆 100 克、雷公藤 100 克、石南藤 80 克、石菖蒲 80 克、边荷枫 100 克、五加皮 80 克、七叶黄荆 80 克、百鸟不宿 100 克、内红消 80 克、大青根 100 克、通草 60 克，鸡蛋、鸭蛋各 1 个为引。

【用法】煎水灌服，连服 3 剂。

方　三

【组方】路边荆根 250 克、马蹄消 40 克、见风消 40 克、五加风 250 克。

【用法】煎水灌服，连服 4 剂。

（五）母猪保胎

【组方】当归 30 克、川芎 10 克、熟地 30 克、枸杞 30 克、菟丝子 30 克、补骨脂 30 克、巴戟 30 克、大芸 30 克、白术 30 克、杜仲 30 克、炙黄芪 30

克、炙草 10 克，紫苏根 2 个为引。

【用法】煎水内服（肝火盛另加板蓝根 30 克、白芍 30 克，产前 1 个月前服）。

（六）母猪产后厌食

【症状】病猪常见产后食欲不振或停食，无其他明显临床表现。

【组方】瓜蒌 100 克、益母草 120 克、山楂 60 克、麦芽 100 克。

【用法】煎水内服。

（七）母猪乳房炎

【症状】本病常见乳房红、肿、热、痛、发硬、乳汁稀薄，其内有血液、血块或絮状硬块，或呈凝块及浆液性橙黄色液体。病猪体温升高，食欲减退，严重者呼吸、脉搏加快，泌乳停止，乳腺组织坏死等。

方　一

【组方】当归 15 克、川芎 15 克、蒲公英 20 克、金银花 20 克、连翘 20 克、赤芍 20 克、夏枯草 20 克、生地 12 克、甘草 6 克。

【用法】煎水喂母猪。

方　二

【组方】芦竹根 40 克、通草 35 克、当归 30 克、王不留行 40 克。

【用法】煎水灌服（适用于无乳）。

方　三

【方组】芙蓉花适量。

【用法】煎水洗乳房。

方　四

【方组】香葱 30 根（烧软）、白酒 150 克（烧热）。

【用法】将烧软葱醮热白酒涂擦乳房，注意不擦伤乳头，轻者立即见效。

方　五

【方组】川柏 30 克、条芩 30 克、蒲公英 40 克、白芷 15 克、花粉 15 克、归尾 20 克、红花 10 克、生地 20 克、通草 10 克。

【用法】煎水内服，重者加甲珠 10 克。

（八）母猪缺乳

【症状】本病多见于初产和营养不良、体质虚弱的母猪。常见产后泌乳量少、无乳或乳汁稀淡。常以补气养血、调经增乳为主。

方 一

【组方】当归 50～100 克、川芎 30～50 克、党参 40～80 克、黄芪 50～100 克、王不留行 50～100 克、炮甲珠 30～50 克、木通 30～60 克、通草 30～60 克、益母草 60～120 克。

【用法】煎水内服。

方 二

【组方】米酒 500 克、鸡蛋 20 个。

【用法】煎水内服。

方 三

【组方】花粉 30 克、瞿麦 30 克、川芎 20 克、熟地 30 克、穿山甲 30 克、王不留行 50 克、当归 30 克、红花 10 克、桃仁 30 克。

【用法】煎水内服（适用于产后催乳）。

方 四

【组方】红花 15 克、生地 30 克、归尾 30 克、甲珠 10 克、漏芦 30 克、通草 10 克、王不留行 30 克、蒲公英 30 克、甘草 10 克。

【用法】煎水内服（适用于因血滞引起的缺乳）。

方 五

【组方】王不留行 30 克、漏芦 30 克、通草 10 克、山楂 30 克、神曲 30 克、谷虫 10 克、条参 30 克、高笋根 50 克、金银花 50 克、芋头根 15 根。

【用法】煎水内服（适用于因食滞引起的缺乳）。

方 六

【组方】葛根 30 克、防风 30 克、荆芥 20 克、王不留行 30 克、通草 10 克、漏芦 30 克、前仁 20 克。

【用法】煎水内服（适用于因寒滞引起的缺乳）。

方　七

【组方】党参 30 克、云苓 30 克、白芍 30 克、黄芪 30 克、陈皮 20 克、当归 30 克、王不留行 30 克、通草 10 克、木香 10 克、甘草 10 克、丝瓜络 1 条。

【用法】煎水内服（适用于因气滞引起的缺乳）。

方　八

【组方】王不留行 30 克、甲珠 10 克、当归 30 克、川芎 10 克、通草 15 克、木通 25 克、藕节 20 克、漏芦 20 克、甘草 10 克，高笋根为引。

【用法】煎水内服（适用于发奶）。

方　九

【组方】黄芪 30 克、党参 30 克、当归 30 克、川芎 30 克、木通 40 克、茯苓 40 克、甲珠 50 克、淮药 40 克。

【用法】煎水，配鸡或鲢鱼汤服（适用于母猪膘体过肥、乳汁浓、闭奶）。

方　十

【组方】当归 50 克、党参 30 克、穿山甲 20 克、王不留行 30 克、川芎 15 克、通草 10 克、乳香 6 克、没药 15 克、丹参 30 克、金银花 20 克、蒲公英 50 克、甘草 10 克。

【用法】煎水内服。

（九）母猪不发情

【症状】本病多因母猪体虚瘦弱，或因卵巢病变及内分泌失调引起。

【组方】肉苁蓉 40 克、淫羊藿 40 克、补骨脂 30 克、菟丝子 30 克、当归 30 克、熟地 30 克、木通 30 克，黑鸡蛋 3 个为引。

【用法】煎水内服，如有炎症，加黄芩 30 克。

（十）母猪产后瘫痪

【症状】病猪常见站立困难，后躯摇摆，重者卧地不起，食欲减退，但多数体温正常，脉搏和呼吸次数正常或略有增加。有继发感染者，体温升高，脉搏和呼吸次数增加明显，如不及时治疗，可导致四肢瘫痪。

方　一

【组方】独活 30 克、秦艽 15 克、防风 15 克、归尾 15 克、桑寄生 15 克、川芎 15 克、茯苓 15 克、熟地 15 克、牛膝 21 克、杜仲 21 克、细辛 6 克、桂枝 6 克、甘草 9 克。

【用法】煎水内服。

方　二

【组方】血当归、五加茨、过山龙、路边荆、边荷枫各 50 克。
【用法】煎水兑白酒拌料。

六、中毒性疾病

（一）牛农药中毒

【症状】耕牛因误食喷洒过农药的植物、饲料引起的中毒。病牛常出现为食欲减退、反刍停止，兴奋不安，口流泡沫、流涎、流泪，狂叫，有的出现行走不稳等神经症状，一般体温正常。

方　一

【组方】黄连 40 克、黄芩 40 克、黄柏 40 克、蝉蜕 30 克、金银花 60 克、连翘 40 克、防风 30 克、甘草 20 克。
【用法】煎水灌服。

方　二

【组方】金银花 100 克、连翘 100 克、甘草 100 克。
【用法】煎水灌服（适用于除草剂中毒）。

方　三

【组方】生地 30 克、麦冬 30 克、黄连 20 克、蒲公英 30 克、金银花 30 克、石斛 20 克、白术 30 克、厚朴 30 克、柴胡 30 克、甘草 30 克。
【用法】煎水灌服（适用于慢性农药中毒）。

方　四

【组方】金银花、贯众、滑石、甘草各适量。
【用法】煎水灌服。

方　五

【组方】绿豆 500 克，人中黄、滑石各 60 克。

【用法】以上药研末开水冲，候温灌服（适用于有机磷农药中毒）。

方　六

【组方】座山大王叶 2 000 克、绿豆 500 克、深层黄泥适量。

【用法】将座山大王叶搓成黑色液体，兑水 1 千克灌服。再用深层黄泥水浸绿豆磨浆灌服（适用于有机磷农药中毒）。

方　七

【组方】黄连 20 克、黄柏 30 克、黄芩 30 克、黄栀子 30 克、大黄 25 克、金银花 30 克、连翘 25 克、白芷 50 克、白芍 30 克、远志 30 克、茯苓 30 克、甘草 20 克。

【用法】用深层黄泥水煎药灌服。

（二）牛闹羊花中毒（老虎花中毒）

【症状】本病因牛在早春放牧时误食闹羊花嫩叶而引起。牛、羊采食后4～6 小时发病，呕吐，流涎，口吐白沫，四肢叉开站立，步态不稳，形似酒醉，后躯摇摆。严重的四肢麻痹，呈喷射状呕吐，腹痛及胃肠炎症状。心律失常，脉弱而不齐，呼吸促迫，倒地不起，昏迷状态。体温下降，最后由于呼吸麻痹而死亡。猪也似酒醉，严重的全身痉挛，后躯瘫痪，叫声嘶哑，结膜苍白，体温正常或稍高，呼吸麻痹而死亡。

方　一

【组方】绿豆 500～1 000 克、深层黄泥。

【用法】黄泥浸泉水中取上清液，浸绿豆磨浆灌服。

方　二

【组方】樟树根（去粗皮）1 500 克、金银花藤 1 500 克、绿豆 1 000 克、鸡蛋 10 个（取蛋清）。

【用法】草药煎水，绿豆磨浆，加鸡蛋清灌服。

方　三

【组方】贯众 50 克、金银花藤 200 克、百解根 100 克、见风消 100 克、刺楸 60 克、乌药 40 克、陈茶叶 40 克、明矾 25 克。

【用法】煎水灌服。

方 四

【组方】蒲公英、青木香、陈皮、土茵陈、老茶叶（生）各适量。

【用法】捣汁灌服。针灸三关、睛灵、百会、尾根穴。

方 五

【组方】金银花 30 克、连翘 30 克、条芩 40 克、黄柏 30 克、刺蒺藜 30 克、牛蒡子 30 克、猪苓 30 克、泽泻 30 克、天花粉 30 克、荆芥 30 克、防风 30 克、台乌 30 克、赤小豆 40 克、蒲公英 40 克、人中黄 50 克。

【用法】煎水灌服（先用鸡蛋清 15 个、韭菜 1 000 克捣烂灌服）。

方 六

【组方】凤尾草、金银花藤、薄荷、大青树、土木香、黄栀子、梨树根、八卦消、路边荆各适量。

【用法】煎水灌服。

方 七

【组方】赤小豆 120 克、葛根 90 克、甘草 90 克。

【用法】煎水灌服。病情严重的，加黄连、黄柏、黄芩、黄栀子各 30 克。

方 八

【组方】老茶叶 250 克、金银花藤（叶）250 克、樟树嫩芽 100 克、海金沙 150 克（均为鲜品）。

【用法】捣烂取汁，加水适量，灌服。

（三）牛烂甘薯中毒

【症状】病牛因吃出窖时有黑斑病或种甘薯根引起的中毒。常见食欲减退，反刍停止，呼吸迫促，口流清涎，呼吸时发出吼声，呈腹式呼吸，眼结膜潮红，体温正常。数日后，出现肘膊及臀部战栗、呼吸困难、剧烈喘气、口流白沫、瞳孔放大，有血性下痢、皮下气肿等。

方 一

【组方】大黄 120 克、芒硝 250 克、青皮 30 克、枳壳 30 克、二丑 45 克。

【用法】共研细末，用开水冲服。

方　二

【组方】茶油 100 克、鸡蛋 2 个。

【用法】搅拌均匀后，从鼻孔灌入。

方　三

【组方】白矾、贝母、白芷、郁金、黄芩、葶苈子、甘草、石苇、黄连、龙胆、大黄各 50 克。

【用法】煎水加蜂蜜 120 克灌服。

方　四

【组方】大黄、枳壳、连翘、青皮、皮硝、金银花、黄芩、滑石、甘草各适量。

【用法】煎水灌服（适用于中毒引起的膨胀）。

方　五

【组方】贝母 60 克、白矾 30 克、郁金 30 克、条参 30 克、大黄 60 克、川连 30 克、胆草 30 克、葶苈子 30 克、甘草 15 克，蜜糖 120 克为引。

【用法】煎水灌服。急性的先用白糖 250 克（溶水）、蜂蜜 250 克或鸡蛋清 10 个与米泔水混合灌服。

（四）牛食盐中毒

【症状】病牛因贪食含盐过高的饲料或直接采食过多食盐而引起。常见病牛塞唇、磨牙、口流涎水、喘气、肌肉痉挛、步态不稳等。

方　一

【组方】黄豆 2 500 克。

【用法】将黄豆浸泡磨成豆浆，分 3 次灌服见效。

方　二

【组方】白芍 250 克、甘草 250 克。

【用法】煎水灌服。

方　三

【组方】虎杖、红糖各适量，粳米 500 克。

【用法】煎水灌服。

（五）牛酒糟中毒

【症状】因饲喂酒糟过量或饲喂霉败酒糟所致。病初先便秘后下痢，母畜流产等中毒反应。急性的食欲减退或停止，腹痛剧烈，后期精神亢奋，肌肉颤抖，呼吸困难，四肢麻痹，卧地不起，最后体温下降，虚脱而死。

方 一

【组方】葛根、甘草各适量。
【用法】煎水灌服。

方 二

【组方】葛根 60 克、防风 60 克、甘草 40 克、绿豆 500 克。
【用法】上药煎水，绿豆磨浆兑服。

（六）牛霉败饲料中毒

【症状】本病因牛采食过多的霉坏饲料而发病。病牛一般呈慢性经过，常表现厌食、消瘦、精神委顿、腹水、间歇性下痢。少数病牛出现神经兴奋等症状。
【组方】人中黄 100 克、绿豆 500 克、明矾 50 克。
【用法】先取深层黄泥泡水，再用黄泥上清液磨上述三药灌服。

（七）牛人尿中毒

【症状】因牛偷食或误食人尿而发生本病。

方 一

【组方】樟树皮 500 克（去粗皮）。
【用法】煎水灌服。

方 二

【组方】金银花 30 克、连翘 25 克、白芷 30 克、黄连 20 克、土茯苓 40 克、贯众 50 克、大青根 100 克、茯神 30 克、远志 25 克、甘草梢 15 克。
【用法】煎水灌服。

（八）牛高粱（玉米）嫩芽中毒

【症状】牛因采食含有氢氰酸的高粱（玉米）新生长嫩芽或茎叶而引起中毒。

【组方】牙皂、细辛、雄黄、白芷各适量，金银花 100 克，绿豆粉 300 克。

【用法】前四味药研末吹入牛鼻孔内，再将金银花煎水兑绿豆粉灌服。

（九）牛蛇伤

【症状】本病因牛在放牧时或栏舍内被毒蛇咬伤。

方　一

【组方】七叶一枝花、半边莲、金银花、矮地茶、内红消、外红消、半枝莲、鬼针草、一枝黄花各适量。

【用法】煎水灌服。另可将上述药捣烂敷伤口。

方　二

【组方】犁头草、血见愁、贡坛叶各适量。

【用法】先用浓米泔水洗伤口，并用细瓷片破口放血，让毒素血液排出。再将上述草药捣烂加少许雄黄包扎患处，24 小时后灌服百解根、金银花藤、大南蛇藤、贡坛根、菊花根、大青根、甘草梢各适量，连服 3 剂。

方　三

【组方】旱烟水。

【用法】用旱烟水洗净患口，然后皮下注射已滤过的烟水。

方　四

【组方】盐桑树皮（叶）。

【用法】捣碎外敷伤口，或兑水灌服。

方　五

【组方】黄蜂窝。

【用法】烧灰兑水灌服。

方　六

【组方】生南星、雄黄、白酒。

【用法】生南星捣碎调雄黄，加白酒（烧热）敷患部。

（十）猪亚硝酸盐中毒（饱满症）

【症状】由于猪吃了大量调制不当的青叶饲料引起。常表现在采食后十几分钟突然发病，有的不表现任何症状即死亡。一般病猪表现全身无力，有的后躯麻痹不能站立，体温下降，四肢、耳根发冷。呼吸困难，口吐白沫，呕吐，倒地挣扎，窒息死亡。

【组方】牙皂、细辛、雄黄、白芷各适量。

【用法】研细末吹入鼻腔，并配合耳尖、尾尖放血。

七、寄生虫病

（一）牛疥癣（疥疮、癞子）

【症状】本病是牛常见的一种皮肤寄生虫（螨）病。表现为体表瘙痒，脱毛，皮肤粗糙增厚、结痂、流黄水。严重时全身奇痒，时常揩擦，有时皮肤开裂、出血。

方　一

【组方】大风子 50 克、木鳖子 50 克、花椒籽 50 克、蛇床子 50 克、硫黄 200 克。

【用法】研细末，放棉籽油内烧开，涂药前用旱烟水擦洗牛身上的痂皮后再涂药。

方　二

【组方】天南星、皂角、桐油各适量。

【用法】将天南星、皂角捣碎加桐油，用棕包擦患处。

方　三

【组方】大黄 100 克、蛇床子 100 克、地肤子 100 克、黄柏 100 克、黄芩 100 克、花椒 100 克、大风子 100 克、冰片 60 克、轻粉 40 克、水银 20 克。

【用法】研粉，用茶油调成糊状，每次用 30～50 克涂患处，研粉后密封装瓶内备用。

方　四

【组方】青鱼胆、内风藤、七叶黄荆、刺楸、黄柏、金银花藤各适量。

【用法】煎水灌服。

方　五

【组方】大风子 40 克、木鳖子 20 克、花椒籽 10 克、蛇床子 20 克、地肤子 30 克、大黄 20 克、黄柏 25 克、白芷 50 克、硫黄 10 克。

【用法】研末，加茶油或猪油调擦。

方　六

【组方】大风子、木鳖子、蛇床子、花椒籽、吴茱萸籽、雄黄、硫黄各适量。

【用法】共研粉，用麻油调擦患处。

方　七

【组方】老松树皮 500 克、臭花椒籽 150 克、硫黄 100 克、麻油适量。

【用法】上药研成粉，麻油调擦。

方　八

【组方】烟草末、蚂蚁窝、茶油各适量。

【用法】研粉调茶油涂患处。

方　九

【组方】见风消、内风消、刺楸、金银花藤、山连翘、蛇不过、山黄芩、毛贯众、凤尾草、千里光各 50 克。

【用法】煎水拌饲料喂。

（二）牛皮肤红肿

【症状】病牛常见皮肤红肿、结块，出现硬块等症状。

【组方】昆布 50 克、海藻 50 克、蒲公英 100 克、金银花 60 克、连翘 50 克、桔梗 40 克、知母 10 克、川贝 30 克、黄柏 60 克、大黄 80 克、芒硝 200 克、广木香 40 克、荆芥 30 克、防风 60 克、甘草 10 克。

【用法】煎水灌服。

（三）牛蚂蟥症

【症状】病牛皮毛粗乱，常用口舌舔腹部，眼结膜白色，眼珠呈黄色，精神不振，消瘦等。

方　一

【组方】茶油、旱烟（叶或秆均可）。

【用法】先灌熟茶油 250 克，再灌生茶油 250 克，然后用旱烟煎水灌服。

方 二

【组方】蜂蜜 500 克、旱烟秆 1 000 克。

【用法】将蜂蜜兑水 2 000 克，分 3 次灌服，旱烟秆煎水灌服。

方 三

【组方】鸡蛋、鸭蛋各 2 个，花血藤 60 克，苦楝子树根 15 克，茶枯适量。

【用法】先喂鸡蛋、鸭蛋，再用花血藤、苦楝子树根煎水灌服。每天 1 次，连续 3 次。

（四）仔猪发癫

【症状】本病多发于新生仔猪，常见皮肤瘙痒、起痂、出黄水，眼部肿胀等，有的架子猪也患此病。

【组方】白芷 4 份、生石膏 6 份。

【用法】研粉调熟桐油擦患部。

八、传染病

（一）牛流行性感冒

【症状】病牛以畏寒怕冷、发热、流涕为特征，多因天气突变、冷热失常及饲养管理不善所致。病牛体温升高，食欲减退或废绝，反刍停止，低头闭目，精神沉郁，多以群发。

方 一

【组方】金银花 40 克、连翘 40 克、柴胡 40 克、牛蒡子 30 克、黄芩 40 克、荆芥 40 克、葛根 40 克、槟榔 30 克、陈皮 20 克、桔梗 40 克、紫菀 40 克、甘草 15 克。

【用法】煎水灌服。

方 二

【组方】苏叶 30 克、陈皮 30 克、薄荷 30 克、杏仁 40 克、双皮 30 克、麻黄 15 克、桂枝 20 克、柴胡 20 克、甘草 15 克。

【用法】研末，加蜂蜜 200 克温水调服。

（二）牛破伤风

【症状】病牛多因外伤引起，常见四肢僵硬、牙关紧闭、叫不出声等。

【组方】防风 20 克、薄荷 30 克、荆芥 20 克、全虫 15 克、羌虫 15 克、蝉蜕 15 克、当归 40 克、生地 40 克、续断 30 克、甘草 15 克。

【用法】煎水灌服。

（三）牛狂犬病（癫狗疯）

【症状】病初精神沉郁，意识紊乱，易受刺激，食欲反常，喜咬异物。进入兴奋期，肌肉痉挛，尾下垂，叫声嘶哑，口流唾液，口渴而不能饮水，精神紧张。经过 2～3 天转入麻痹期后，全身无力，步态不稳，舌伸出口外，最后呼吸困难、麻痹而死。

【组方】麝香 1 克、茜草 7 克、金银花 10 克、红娘子 3 克、高打伞 8 克、万年青 6 克、斑蝥 1 只、马钱子 1 克、巴豆霜 6 克、黑竹根 5 克、台乌 2 克。

【用法】煎水灌服。

注：按照相关法律规定，患该疫病的牛应采取扑杀销毁措施。

（四）仔猪黄（白）痢

【症状】本病又称仔猪大肠杆菌病，是初生仔猪的一种急性、高度致死性传染病。特征为剧烈腹泻，排出黄色或黄白色稀粪，有腥臭味，口渴，吃乳减少，脱水，消瘦，衰竭死亡。

方　一

【组方】肉豆蔻 120 克、补骨脂 240 克、五味子 120 克、吴茱萸 240 克、红枣 100 枚、生姜（煨）240 克。

【用法】煎水内服，10 头仔猪份量。

方　二

【组方】厚朴（姜制）200 克、莱菔子（炒）240 克、连翘 150 克、神曲 10 颗，车前草、灯芯草、百草霜、紫苏、藿香草、黄花、茵陈各适量。

【用法】煎水内服，10 头仔猪分量。

方　三

【组方】党参、黄芪、枳壳、猪苓、泽泻、大枣、鸡内金、山楂、麦芽、甘草各适量。

【用法】煎水内服。

方　四

【组方】香附 50 克、地榆 40 克、苍术 40 克、黄连 30 克、石榴皮 50 克、神曲 40 克、干姜 30 克。

【用法】除神曲外，其他药炒成黄褐色，研粉备用，产前喂母猪，并加红糖。

方　五

【组方】厚朴 10 克、乌梅 10 克、五味子 10 克、赤石脂 10 克。

【用法】煎水内服。如黄痢，加木瓜 30 克。

方　六

【组方】山楂（炒焦）25 克、黄连 25 克、泽泻 20 克。

【用法】研粉用水调成糊状，用竹片黏药放入仔猪舌根部，让其吞咽（10头仔猪的分量）。

方　七

【组方】张天灌 500 克、楠竹叶 1 000 克、半春籽树根 750 克、金银花藤 750 克、山黄连 1 000 克、山黄柏 1 000 克、十大功劳 750 克。

【用法】煎水调饲料喂，10 头猪的分量，用于已开食的仔猪。

方　八

【组方】青矾适量。

【用法】烧枯后，用竹片或汤匙点仔猪舌中。

方　九

【组方】金银花 30 克、板蓝根 30 克、穿心莲 40 克、川黄连 30 克、白术 40 克、通草 10 克、前仁 20 克、川朴 30 克、甘草 10 克。

【用法】煎水内服（母猪服方）。

方　十

【组方】防风 30 克、荆芥 20 克、陈皮 20 克、焦术 30 克、白芍 30 克、厚朴 30 克、鸡内金 15 克、神曲 30 克、通草 10 克、前仁 20 克、木香 10 克、甘草 10 克。

【用法】煎水内服（因感冒引起母猪服方）。

方　十一

【组方】川连 30 克、条芩 30 克、金银花 30 克、连翘 30 克、白芍 40 克、白头翁 40 克、木香 15 克、马齿苋 30 克、甘草 10 克，车前草为引。

【用法】煎水内服（因热引起母猪服方）。

方　十二

【组方】神曲 20 克、麦芽 30 克、山楂 20 克、大黄 20 克、白术 30 克、陈皮 30 克、砂仁 20 克、黄芪 30 克、板蓝根 20 克。

【用法】煎水内服或研粉拌饲料喂（以上为 10 头仔猪用量）。

方　十三（预防用）

【组方】荆芥 25 克、薄荷叶 25 克、陈皮 25 克、焦术 50 克、白头翁 30 克、诃子 30 克、乌梅 30 克、粟壳 15 克、神曲 30 克、茯苓 40 克、山楂 30 克、甘草 15 克，葱白 3 个为引。

【用法】煎水于产前或产后喂母猪（夏天再加黄连 10 克、马齿苋 50 克）。

方　十四

【组方】青矾、醋各取适量。

【用法】青矾焙干研末调醋，用毛笔蘸药涂仔猪舌根，注意多饮水。

方　十五

【组方】香附。

【用法】去毛焙干研末，用蜜糖调服，每天 3 次。

方　十六

【组方】苍术、陈皮、厚朴、枳壳、诃子、藿香、焦术、神曲、干姜、乌梅、粟壳、鹿角霜、前仁、甘草各适量。

【用法】煎水内服。如黄痢则加黄芩，如绿色粪便则加儿茶，如血便则加黄连。

方　十七

【组方】桂皮 5 克、铜绿 2 克、胡椒 4 粒、藿香水适量。

【用法】上药研粉调藿香水，涂仔猪舌底部。

（五）羊　痘

【症状】羊痘是由羊痘病病毒引起的一种急性、热性、接触性传染病，一年四季均可发生，有地域性流行特征，本地山羊多在秋冬季来临时发生。发病时，首先体温升高，食欲废绝，黏膜和无毛处皮肤等部位出现痘疹，发展迅速，痘包化脓、结痂，全身出现痘疹症状。感染后的羔羊一般迅速消瘦，死亡率较高；母羊容易导致流产；成年羊常因继发感染而死亡。

方　一

【组方】黄豆苗（叶、荚）、黄豆各适量。

【用法】黄豆苗（叶、荚）作饲草，黄豆磨浆喂服，一般3～5天即愈。

方　二

【组方】马兰20克、丹皮25克、蒲公英30克、知母20克、黄柏皮20克。

【用法】煎水分2次喂服（30千克体重羊用量）。

（六）羊口疮

【症状】病羊发病初期，眼周、口角、上唇和鼻镜上出现散布的小红斑，红斑逐渐变成小丘疹和小结节，继而形成水疱、脓疱，破溃后呈黄色或棕黑色疣状硬痂。病症较轻者患部痂皮干燥、脱落，留下红斑；重者牙龈、舌面及颊部黏膜上出现大小不等的溃疡，后形成大面积痂垢，痂垢逐渐增厚，整个口唇肿大、外翻。病羊食欲减退或不食，消瘦死亡。

【组方】儿茶15克、川黄连10克、青黛6克、食盐（炒枯）15克、人中白15克。

【用法】研成细末吹于口腔，或用麻油调成糊状涂患部，每天2次。

九、鱼　病

（一）鱼塘清塘消毒（预防由细菌和寄生虫引起的疾病）

方　一

【组方】黄藤5千克、青蒿15千克、虎杖20千克（每亩水面用量）。

【用法】黄藤放在鱼塘进水口处，青蒿、虎杖分3～4处放入塘周边。

方　二

【组方】茶枯 50 千克。

【用法】将茶枯分若干点踩入塘泥中（适用于干塘消毒）。

方　三

【组方】生石灰 50～75 千克（每亩池塘用量）。

【用法】冬季干塘，将生石灰撒在塘泥中（适用于干塘消毒）。

方　四

【组方】生石灰 10～15 千克（每亩水面，水深 1 米）

【用法】将生石灰兑水浇塘内。上半年 4—6 月，下半年 8—10 月，每隔半月使用 1 次（适用于有鱼预防）。

（二）鱼种放养消毒

【组方】食盐 500 克、冰片 200 克。

【用法】将以上药放入 25 千克水中溶解，将鱼种放入药液中浸泡 10～15 分钟（25 千克种鱼用量）。

（三）治疗草鱼三大病（肠炎、烂鳃、赤皮病）

【组方】石菖蒲 1 千克、海金沙 1 千克、鱼腥草 1 千克、淡竹叶 1 千克、金银花藤 1.5 千克、大青叶 1.5 千克（均为鲜品，50 千克鱼用量）。

【用法】煎水拌米糠或面粉成团，撒于塘中。

（四）草鱼出血病

【症状】主要有红肌肉型、红鳍红鳃型和肠炎型 3 种。

【组方】大黄 50%、黄芩 30%、黄柏 20%。

【用法】上药打粉，每 50 千克鱼用药粉 250 克拌饵喂鱼，3～6 天为 1 个疗程。

（五）青（草）鱼肠炎病

【症状】常见病鱼离群独自无力游动，头部乌黑，有典型的"乌头瘟"表现及蛀鳍。其典型症状还有腹部膨大，肛门红肿突出，轻压腹部有黄色黏液和血脓流出。解剖可见，肠内无食物，肠壁充血、发炎呈紫红色，有腹腔积液。每年 5 月、9 月为 2 个高峰期（1 龄以上的草鱼、青鱼发病多在 5—6 月，当年鱼种大多在 7 月、9 月发病）。其发病死亡率高，危害大。

方 一

【组方】海金沙、鱼腥草、土茯苓、金银花藤、山黄连、黄栀子、钩藤、大青叶、淡竹叶、青鱼胆叶各 0.25 千克（鲜品），食盐 0.5 千克。

【用法】煎水拌饲料喂（50 千克鱼用量）。

方 二

【组方】金银花藤 7 千克、青蒿 5 千克、辣蓼草 5 千克。

【用法】煎水拌饲料喂（50 千克鱼用量）。

方 三

【组方】地锦草、海蚌含珠、人字草、张天罐、旱莲草、马齿苋各 250 克，石菖蒲 500 克，苦楝树皮 1 克，大蒜蒜瓣 500 克，食盐 1 克，茶油 0.5 克，面粉 500 克。

【用法】每 50 千克草鱼用量。草药捣汁，苦楝树皮煎水调面粉，煮成糨糊，最后放入食盐、茶油和捣烂的大蒜蒜瓣。拌匀后，洒在鲜嫩草上晾干喂鱼，连喂 3 天。

（六）鱼锚头鳋病

【症状】本病因虫体寄生，病鱼呈烦躁不安、食欲减退、行动迟缓、身体瘦弱等常规病状。由于锚头头部插入鱼体肌肉、鳞下，身体大部露在鱼体外部且肉眼可见，犹如在鱼体上插入小针，故又称"针虫病"。

方 一

【组方】松树枝 75～100 千克。

【用法】每亩水面，水深 1 米，分 3～4 处浸入塘中。

方 二

【组方】人尿 100～150 千克、松树枝（叶）150 千克。

【用法】松树枝扎成捆用尿浸后，投入塘中。

（七）草鱼细菌性烂鳃病（乌头瘟、黑脑症）

【症状】本病由鱼链球菌侵入鳃部引起。病鱼离群在水面缓慢游动，不吃饲料，身体和头部颜色变黑，病鱼鳃丝腐烂、发白。鳃丝末端软骨外露，黏液很多，并常附有污泥。严重时，鳃盖内表面充血腐烂，中间部位常被烂成一个透明的小块，形似"天窗"。

【组方】青蒿草 2.5 千克、桑叶 2.5 千克、黄藤 1 千克、石菖蒲 1.5 千克、大蒜蒜瓣 1 千克、雄黄 0.25 千克、生石膏粉 0.5 千克、食盐 1 千克、黄泥 20 千克、人尿 20 千克。

【用法】药打烂捣汁，兑水均匀泼洒全塘（每亩水面，水深 1 米）。

（八）草鱼赤皮病（松鳞症、擦皮瘟）

【症状】病鱼离群独游，行动缓慢，体表局部或大部腐烂出血、发炎、鳞片脱落，鱼体两侧和腹部最为明显。鳍条基部充血，末端破烂，鳍条间组织破坏。鱼的上下颌和鳃盖充血，呈块状红斑。

方 一

【组方】辣蓼草 7.5 千克、苦楝树枝叶 7.5 千克、生石灰 40～50 千克（高温天气慎用）、食盐 1 千克、人尿 50 千克。

【用法】草药煎水，然后混合生石灰、人尿、食盐兑水泼洒，留 1/4 或 1/5 的水面不泼（每亩水面、水深 1 米）。

方 二

【组方】五倍子 1 千克、苦楝树叶 10 千克、辣蓼草 5 千克、蓖麻叶 5 千克、花椒树叶 5 千克、桉树叶 5 千克、虎杖 5 千克、石菖蒲 1.5 千克、铁枯散 1.5 千克、雄黄 0.5 千克、茶枯 5 千克、石灰 10 千克。

【用法】上述药用水浸泡 5～7 天，均匀泼洒全塘（每亩水面，水深 1 米）。

（九）鱼 虱

【症状】鱼虱形似团鱼，大小如臭虫，由 1 对吸盘吸附在鱼体上，以吸取鱼血为生。致使鱼类痛痒、焦躁不安，成群在塘边挤擦，鱼体瘦弱、食欲不振。

【组方】樟树枝叶、松树枝叶、苦楝树枝叶各 20 千克，虎杖 10 千克。

【用法】混合扎成 4～5 捆，浸入塘中（每亩水面，水深 1 米）。

（十）泛 塘

【症状】泛塘（又叫翻塘）是因水中溶解氧低而引起。主要为鱼密度过大，雷雨天气压低、闷热，以及投饲施肥过多。

【组方】青蒿 2.5 千克、桑叶 2.5 千克、生石膏粉 0.5 千克、食盐 1 千克、人尿 20 千克、黄泥 20 千克。

【用法】菁蒿、桑叶打烂研汁，兑水均匀泼洒全塘。

十、蜂　病

（一）囊状幼虫病

【症状】囊状幼虫病是一种囊状幼虫病毒引起蜜蜂幼虫病死的传染病。病死的蜜蜂幼虫呈囊状，囊中充满粒状水液。病毒性病害，传播迅速，死亡率高，对生产有很大的影响。

方　一

【组方】虎杖 25 克、紫草 25 克、甘草 5 克。

【用法】把药加水 500 克，煮沸半小时以上，去渣，浓缩药液至 400 克左右，再加入 400 克糖或蜂蜜喂蜂。

方　二

【组方】石上柏 25 克、穿心莲 25 克、贯众 25 克。

【用法】把药加水 500 克，煮沸半小时以上，去渣，浓缩药液至 400 克左右，再加入 400 克糖或蜂蜜喂蜂。

方　三

【组方】贯众 50 克、金银花 50 克、甘草 10 克。

【用法】把药加水 500 克，煮沸半小时以上，去渣，浓缩药液至 400 克左右，再加入 400 克糖或蜂蜜喂蜂。

方　四

【组方】金银花 30 克、黄连 10 克、黄柏 10 克、穿心莲 10 克、月季花 10 克、大青叶 15 克、石榴皮 5 克。

【用法】把药加水 1 000 克，煮沸半小时以上，去渣，浓缩药液至 400 克左右，再加入 300 克糖或蜂蜜喂蜂。

（二）消化不良"爬蜂病"

【症状】病蜂腹部膨大，丧失飞行能力，在地面缓慢爬行。

【组方】山药 20 克、山楂 20 克、大黄 10 克、甘草 10 克。

【用法】草药煎水，按 1∶1 比例趁热加入白砂糖，搅拌成糖浆液。冷却后，每群喂 200～500 克。

（三）病毒性"爬蜂病"

【症状】病蜂身体瘦小，头部和腹部末端油光发亮，失去飞行能力，不久衰竭死亡。

【组方】金银花 15 克、连翘 20 克、车前子 20 克、黄连 5 克、大黄 10 克、甘草 10 克。

【用法】草药煎水，按 1∶1 比例趁热加入白砂糖，搅拌成糖浆液。冷却后，每群喂 200～500 克。

（四）白垩病

【症状】由真菌所引起，只侵袭蜜蜂幼虫，死亡幼虫初期为苍白色且肿胀，后期则失水缩小成质地疏松的白色石灰样物。在巢房里、巢门口可以看见许多白色的虫尸。

【组方】大黄 10 克、苦参 20 克、云南白药半瓶。

【用法】上述药煎水，按 1∶1 比例趁热加入白砂糖，搅拌成糖浆液。冷却后，每群喂 200～500 克。

（五）巢虫

【症状】危害蜜蜂的巢虫主要是大蜡螟和小蜡螟，幼虫在巢脾中打隧道蛀食蜡质、蛀坏巢脾并伤害蜜蜂幼虫和蜂蛹。

方　一

【组方】百部 20 克、60 度以上白酒 500 毫升。

【用法】将中药百部浸入白酒中 7 天，用浸出液 1∶1 兑冷水喷蜂、巢脾，以有薄雾为度，6 天 1 次，防治 3～4 次，对防治大蜡螟和小蜡螟等巢虫有效。

方　二

【组方】百部 20 克、苦楝子（用果肉）10 个、八角 6 个。

【用法】上述药用水煎至 200 毫升，冷却滤渣，喷巢脾，以有薄雾为度。

第四部分 中兽医文献（古籍）资料

浏阳市中兽医历史悠久、内容丰富，流传的中兽医古籍及手抄本多存于民间。1990年，浏阳县中兽医现状普查中发现有20多种。其中，古籍9种：《元亨疗马集》《医牛珍贵秘传》《牛经大全》《猪经大全》《本草纲目》《本草备要》《药性四百味》《汤头歌诀》《看马集》。手抄本11种：《医方捷径》《相牛经》《诊断及验方》《认牛史》《验方选》《治牛》《八十一难经》《四季看牛》《七十二症》《草药汤头歌诀》《草药四性》。

本书收集了浏阳市民间中兽医珍藏的古典资料12种。其中，有《图像水黄牛经大全》《图像黄牛经大全》《元亨疗马集》《抱犊集》古籍4种，有《相牛》《牛经大全》《看牛开针》《看病要诀》《医牛药方》《牛经诗方大全》《牛图》《牛经大全（上、下册）》手抄本8种。

同时，本书收集了新中国成立后出版的中兽医书籍11种。其中，20世纪50年代出版的《中兽医诊疗经验》1种；60年代出版的《中兽医诊疗（1～3册）》《新牛石经》2种；70年代出版的《赤脚兽医手册（上、中、下）》《家畜中毒的防治》《中兽医诊疗汇编》《中兽医手册》4种；80年代出版的《兽医中草药验方选》《实用辨证论治手册》《神农本草经谈》《中兽医验方一千例》4种。此外，收集了老中兽医诊疗记录、医案6本，相关历史资料20份。例如，1960年2月2日人民日报刊发的《大力防治猪病》（社论）1篇；中和镇老兽医邓石坚提供的母猪和公鸡阉割器具各1套。

附录

附录1 浏阳市中兽医发展历史沿革

一、管理机构

新中国成立前，浏阳市中兽医无专门机构管理。新中国成立后，浏阳市成立了相应的管理机构，历经多次变更才不断得到健全。

新中国成立初期，畜牧水产业属浏阳县政府建设科管理。1951年8月，浏阳县家畜保育站成立，全县27个区供销社均配1名畜牧干部，兼做兽医工作。1954年7月，改由浏阳县农林水利局领导。1955年，浏阳县畜牧兽医协会成立，分区设21个家畜防治所（或兽医联合诊所）。1956年5月，畜牧科成立，属浏阳县政府领导，下设区畜牧工作组。1958年2月，浏阳县畜牧水产局成立。1962年10月，畜牧水产局撤销，改由农业局管理。1968年，浏阳县农业局机构撤销，畜牧兽医水产业改由浏阳县革命委员会生产指挥组农林水办公室管理。1972年，浏阳县农林局成立，由浏阳县农林局管理。1973年，浏阳县农林局分设，成立浏阳县农业局，由浏阳县农业局管理，13个区农技站均配有畜牧兽医干部。1981年4月，浏阳县畜禽疫病防检站（农业局内设科室）成立。1983年12月，畜牧与农业局分设，成立浏阳县畜牧水产局。1987年4月，浏阳县畜牧兽医联站成立（畜牧局二级事业单位，于2002年改制撤销）。1993年3月，撤县设市更名为浏阳市畜牧水产局。2011年10月，机构改革，更名为浏阳市畜牧兽医水产局。2012年9月，浏阳市动物卫生监督所和浏阳市动物疫病预防控制中心（为局属副科级事业单位）、浏阳市基层兽医管理办公室成立。2015年末，全局系统有283人，其中局机关、二级事业单位88人，32个基层站195人。具有初级技术职称102人、中级技术职称32人、高级技术职称16人。

二、管理体制

1955年，浏阳县民间兽医由个体经营组织起来，建立了合作性质的中兽医联合诊所（或草药店）。之后，相继成立了县畜牧兽医协会、区畜牧兽医协会。

1958年开始，各公社设立畜牧水产部，推行生猪"三包"（包防疫、包治疗、包阉割）和耕牛"合作保健"制度。

1965 年，浏阳县各公社的兽医组织统一更名为畜牧兽医站，负责本区域的畜禽防治保健和阉割工作。当年，有中兽医、去势员 346 人。各公社畜牧兽医站单独核算、自负盈亏。其兽医人员口粮为"牛头粮"，1976—1979 年，每个畜牧兽医站安排 1～2 人吃"商品粮"（到站不到人）。

1981 年，浏阳县 67 个公社畜牧兽医站 456 人通过考试考核定编，由"牛头粮"转为"常统粮"。其管理实行县、乡共管，以县为主。主要承担畜禽防疫、检疫、治疗及疫情报告、畜牧生产发展、品种改良、科学饲养技术推广、技术培训等职能。

1985 年，浏阳县 67 个公社畜牧兽医站 456 人（兽医、去势员）招为县以上"大集体工"，由"常统粮"改供"商品粮"。

1995 年，浏阳市撤区并乡，由 67 个站合并为 40 个站，乡镇街道畜牧兽医站更名为畜牧水产站，其人、财、物、事"四权"划归乡镇管理。

2002 年，乡镇机构改革，畜牧水产站更名为畜牧水产服务站。

2004 年，乡镇畜牧水产服务站实行县乡共管、以县为主的管理体制。根据长沙市编制委员会、长沙市人事局、长沙市畜牧水产局文件，分配长沙市全额防疫检疫员编制 150 人。同年，在原畜牧兽医人员中择优招聘录用。对未被招聘录用的，实行从事治疗和经营性业务分流。

2005 年，浏阳市部分乡镇合并，由 40 个站合并为 37 个站。浏阳市委机构编制委员会办公室、市财政局、市人事局、市劳动保障局、市畜牧水产局联合发文，明确在乡镇畜牧水产服务站基础上，组建承担公益性职能的乡镇街道动物防疫检疫站（加挂畜牧水产服务站牌子），其"人、财、物、事"归市畜牧水产局管理，财务实行市会计委派集中报账。

2012 年，乡镇（街道）动物防疫检疫站人员经费全额纳入市财政预算。

从 2014 年起，基层站工作职能发生变化，以重大动物疫病防控、食品安全、生产发展、行政执法、病死动物无害化处理为主，其兽医诊疗业务全部实行社会化服务（职业兽医、乡村兽医等兽医医政管理由市基层兽医管理办公室负责）。同时，取消市场动物产品检疫。在职在编人员中从事中兽医技术的几乎没有。

2015 年，乡镇（街道）改革，由 37 个站合并为 32 个站。

2019 年，机构改革，32 个站人员（144 名在职人员、197 名退休人员）整体转隶至各乡镇（街道），划转 150 个动物防疫检疫站编制到各乡镇（街道）。

三、队伍建设

据《浏阳县志》记载：清末至民国期间，浏阳民间有少数中兽医与阉割人员，从事耕牛伤风感冒等一般疾病治疗和畜禽阉割工作。其诊疗技术简单，素有"一把草，一根针"之说。

新中国成立后，党和政府对畜牧兽医事业，特别是中兽医工作高度重视，亲切关怀，机构不断健全，队伍不断壮大。20世纪60—70年代，浏阳县中兽医工作发展步入了"黄金时代"。据《浏阳市中兽医现状普查报告》介绍，从20世纪50年代初到80年代末，浏阳县各年代的中兽医人员不断增加。不同年代的中兽医队伍组成情况见附表1-1。

附表1-1　20世纪不同年代浏阳市中兽医队伍组成情况

年代	兽医总数（人）	中兽医（人）								
		总数（人）	所占比例（%）	工作类别			人员性质			
				诊疗和去势	诊疗	只能去势	全民	集体	个体	
50	827	665	80.4	176	252	237	15	—	650	
60	658	488	74.2	162	205	121	23	310	155	
70	1 321	863	65.3	296	249	318	27	341	495	
80	1 520	861	56.6	306	205	350	35	304	522	

近几十年来，浏阳市先后涌现了一批享有名望的老中兽医。先有永安徐锡福、大围山（中岳）鲁隆元、普迹周彦益、澄潭江（大圣）张宜许、张仲夫等，后有沿溪陈克明、沙市张长庆、金刚刘性科、永安（丰裕）邵声桥、古港张庚南等。

特别是永安邵声桥、澄潭江张宜许、沿溪陈克明、沙市张长庆等先后应邀出席湖南省、原湘潭地区名老中兽医经验座谈会，献方达40多个，并被收集。

随着畜禽饲养由分散型向规模大户型的转变，品种改良、良种推广、农田机械化程度不断提高；养牛以肉用为主，且存栏量下降，畜禽除防疫外，常见病治疗以西兽医为主，母猪、公鸡的阉割和中兽医治疗猪牛疾病几乎失去市场。因此，目前除少数体健的老中兽医应邀帮忙为个别养殖场（大户）出诊外，年轻一代掌握中兽医诊疗技术的几乎没有。中兽医技术传承人出现了断层的状况。

四、人才培训

浏阳市中兽医人才培训主要有3种形式：

一是以师带徒、祖传父教形式传授中兽医技术的占相当部分。如丰裕邵远流、永安徐锡福等，一代传一代，至今有4～6代之多。每个师祖培养中兽医人员有 20 多人，通过这种形式培养的累计达 700 多人。

二是送培、举办培训班形式培养人才。1951 年 5 月和 10 月，浏阳县政府建设科先后 2 次选送 27 名学员到长沙专区学习兽医技术。1955 年，浏阳县家畜保育站开办兽医技术培训班，培训骨干 18 人。1973 年 3—10 月，浏阳县农业部门先后举办全县大队"赤脚兽医"技术培训班，培训人员达 860 多人，之后有部分兽医招入公社畜牧站从事兽医工作。1980—1990 年，浏阳县畜牧水产局先后举办了专职兽医、中药调剂员、兽医人员提高班等数期培训，培训 300 多人，主要以西兽医为主，为巩固基层站兽医队伍打下了基础。

三是开办兽医学校，专门培养中兽医人才。1958 年，浏阳县政府在大围山农场（现大围山森林公园玉泉寺）创办浏阳县畜牧兽医学校，面向浏阳县招收学员 138 人。该校于 1961 年停办，毕业的学员成为全县基层兽医技术骨干。

中兽医人才培训情况统计见附表 1－2。

附表 1－2　中兽医人才培训情况统计

时　间	培训科目	培训天数	培训人数（人）	培训对象	以师带徒人数（人）
1953 年 3 月	中兽医培训	3 个月	30	兽医站人员	
1958 年 10 月	畜牧兽医	1 年	138	全县招生	
1967 年 10 月	中西兽医培训	1 个月	70		
1973 年 3 月	赤脚兽医培训	1 个月	380	大队赤脚兽医畜牧站人员	
1973 年 10 月	赤脚兽医培训	1 个月	488		从 1950 年至 1989 年以师带徒的 580 人
1980 年 3 月	专职兽医培训	1 个月	120	兽医站骨干	
1985 年 5 月	兽医培训	1 个月	40	顶职人员就业培训	
1985 年 8 月	中药调剂员培训	10 天	30	兽医站药房人员	
1989 年 5 月	兽医培训	1 个月	30	顶职人员就业培训	

五、科技成果

新中国成立以来，浏阳市畜牧兽医水产专业技术人员积极开展养殖业科研和技术推广工作，先后开展新技术推广达 200 多次，实施科技项目 150 多项。其中，获国家级奖励 3 项（黑山羊应用技术研究和推广、浏阳县草场资源调查、瘦肉型猪生产基地建设），获省级奖励 25 项（家畜冷冻精液配种技术、水提左旋多巴新工艺的中间试验、南方地方品种调查、浏阳黑山羊舍饲技术推广、瘦肉型猪生产技术、山地养鸡技术、杂交鸭饲养技术、狂犬病防治技术、猪瘟超前免疫技术、猪链球菌病防治技术、水产资源普查、鱼病防治综合技术等），获市（地）级奖励 40 项（从野扁豆中提取左旋多巴的试验研究、良种鸡推广、淡水养鱼、网箱养鱼、草鱼出血病防治技术等），获浏阳市级 45 项（制备黄连素新工艺、湘黄鸡营养水平配方试验研究、耕牛冷配技术、家鱼人工孵化技术、流水养鱼技术、"健鱼灵"研制应用等）。同时，易修柏参加的"湖南省畜禽品种资源调查"，获湖南省畜牧兽医研究所二等奖；刘伯福参加的"浏阳县草场资源调查"，获原农牧渔业部畜牧局奖励；赵志亚获原人事部、农牧渔业部等四部委"全国农业科技推广先进工作者"称号；陈吾生获原农业部"全国农业技术推广先进工作者"称号；伍国强获评农业农村部"全国农业技术推广贡献奖"。

科技成果的推广应用，有效地促进了浏阳市养殖业的持续、健康发展。1984 年，浏阳县生猪饲养量首次突破 100 万头，养殖业总产值达 6 875 万元，比 1978 年增长 186%，为 1949 年的 16.3 倍。1995 年，浏阳市猪牛禽肉类总产量进入全国百强县，居第 21 位。2015 年，浏阳市生猪出栏 193.1 万头、黑山羊 72.1 万只，出笼家禽 1 481.6 万羽，水产品总量 2.82 万吨，养殖业总产值 36.87 亿元（当年价）。近 30 年来，养殖业生产发展工作获评国家、省、市级先进达 80 多次。

六、中兽医（畜牧水产）大事记（1951—2019）

1951 年，县政府建设科派人到北盛等炭疽病疫区，首次使用炭疽芽孢疫苗接种耕牛 418 头（次）。

1953 年，浏阳县第一次使用猪瘟、猪丹毒、猪肺疫疫苗在全县进行预防注射。

1953 年，在唐家园首建家畜配种站，引进约克夏种公猪和荷兰种公牛各 1 头，开展猪、牛品种改良工作。

1953 年，浏阳县开始使用青霉素、磺胺类等西药治疗家畜疾病。

1954 年 4 月，"兽医熊润生诊所"在浏阳城关太平街挂牌成立。

1955 年，浏阳县 21 个区建立家畜防治所（兽医诊所或草药店），在全县推广家畜"合同保健"制度。

1958 年，浏阳县推行生猪"三包"（包防疫、包治疗、包阉割）和耕牛"合作保健"制度。

1958 年，浏阳县政府在大围山农场（玉泉寺）创办浏阳县畜牧兽医学校（1961 年停办），招收学员 138 人。

1958 年 9 月，浏阳县政府畜牧生产指挥组表彰浏阳县"畜牧防治工作"

优秀人员。

1965年，浏阳县公社兽医组织统一改名为"畜牧兽医站"。

1965年，畜牧兽医站人员由当地粮站供应"牛头粮"（由各生产队按耕牛存栏数送交粮食，粮站按核定兽医人数供应粮食）。

1972年5月，举办浏阳县"赤脚兽医"培训班，培训443名兽医。

1972年，永和镇畜牧兽医站"制备黄连素新工艺"获浏阳县科技办公室奖励。

1974年，浏阳县农业局畜牧股开始自制生猪"水泡病"疫苗，并用于生猪防疫注射。

1976年4月，丰裕、金刚、普迹、官渡公社畜牧兽医站参加湘潭地区畜牧水产局在湘潭召开的全区兽用中草药采、种、制、用经验交流会，会期7天。

1977年，在太平桥公社首次开展用摩拉水牛、利木赞黄牛的冷冻精液人工授精试点工作。先后建立22个耕牛品改点。

1979年5月，湘潭地区畜牧水产局在酃县（今炎陵县）召开全区名老中兽医座谈会。浏阳有丰裕邵声桥、沙市张长庆、沿溪陈克明等老中兽医参加，会期7天。

1980年5月，全面启动浏阳县草场资源考察工作，至1981年4月结束。先后有40余名畜牧科技人员参加，汇编了《浏阳县草场资源考察报告》（浏阳县共有草场面积214.06万亩，占总面积的28.5%。同时，将浏阳县草场划为山地草甸类、灌木草丛类、疏林类和草坪草埂类四大类）。

1981年3月，浏阳县67个公社畜牧兽医站，定编兽医人员456人，由"牛头粮"转为"常统粮"。

1981年4月，成立浏阳县畜禽疫病防检站（属浏阳县农业局内设科室）。

1982年，黑山羊以"湘东黑山羊"编入《湖南省家畜家禽品种志和图谱》。

1984年1月，浏阳县畜牧水产局恢复。

1984年，浏阳县生猪饲养量首次突破100万头，养殖业总产值达6 875万元。

1984年，浏阳黑山羊正式编入《中国山羊》一书，定为皮肉兼用型原始品种。

1985年11月，浏阳县67个镇畜牧兽医站的456人全部转为"大集体工"，由"常统粮"改供"商品粮"。

1985年，举办浏阳县中药调剂员培训班，培训30人。

1986年，浏阳县列入湖南省发展商品瘦肉型猪基地县，项目建设期3年。

1987年4月，县政府批准设立浏阳县畜牧兽医联站（为自负盈亏事业单位，是畜牧兽医人员群众性组织。其职责是负责乡镇畜牧兽医站的管理，兽用药物、器械经营，2001 年改制撤销）。

1989 年 1 月，组织畜牧兽医专业技术人员开展了为期 1 年的浏阳县畜禽疫病普查，编写了《浏阳县畜禽疫病普查报告》。

1990 年 4 月，浏阳县开展首次中兽医现状普查，对中兽医现状、中草药资源、民间秘（验）方及诊疗技术进行普查，编写了《浏阳县中兽医现状普查报告》。

1994 年，浏阳市列为国家级秸秆养牛羊示范县（市）。

1995 年，浏阳市猪牛禽肉类总产量进入全国百强县，居第 21 位。

1995 年 6 月，浏阳市撤区并乡，乡镇街道畜牧兽医站更名为畜牧水产站，由 67 个站合并为 40 个站。

1995 年，浏阳市被列为"长沙市百万黑山羊菜篮子工程"基地。

1995 年，乡镇畜牧兽医站人、财、物、事"四权"划归乡镇管理。

1996 年，根据农业部、人事部文件精神，乡镇畜牧水产站实行"三定"（即定性、定编、定员），其性质定为"全民事业单位"。

1998 年，浏阳市被列为全国无规定动物疫病项目建设县（市）。

2000 年 12 月，浏阳市家畜疫病防检站更名为浏阳市动物防疫监督站。

2002 年，乡镇机构改革，畜牧水产站更名为畜牧水产服务站。

2002 年，浏阳市乡镇街道畜牧兽医人员（退休、在编人员）全部参加浏阳市劳动和社会保障局养老保险、医疗保险。

2004 年 3 月，乡镇畜牧水产服务站实行县乡共管、以县管理为主的管理体制，人、财、物、事收归浏阳市畜牧水产局管理。

2004 年 11 月，通过考试、考核，招聘全额编制乡镇动物防疫检疫员 132 人（其中，原差额人员选聘 122 人、向社会公开招聘 10 人）。

2005 年，乡镇畜牧水产服务站更名为动物防疫检疫站。

2011 年，机构改革，浏阳市畜牧水产局更名为浏阳市畜牧兽医水产局。

2012 年，兽医体制改革，成立浏阳市动物卫生监督所和浏阳市动物疫病预防控制中心（均为副科级事业单位）、基层兽医管理办公室。

2013 年，乡镇动物防疫检疫站人员经费纳入市财政全额预算。

2013 年，浏阳市被定为湖南省唯一的生猪标准化养殖试点县（市）。

2013 年 11 月，浏阳市畜牧兽医水产局被农业部评为"全国农业工作先进集体"。

2013 年 11 月，湖南省畜牧环保工作现场会在浏阳市召开。浏阳养殖污染治理被誉为"浏阳模式"，在全省推广。

2014 年，浏阳市畜禽水产品检测中心在湖南省县级单位中率先获得首个

"双认证"（计量标准与检测技术）。

2015 年，在湖南省率先建成动物防疫冷链体系，实现了动物疫苗从市级冷库到养殖场（户）的"五冷"（冷库、冷车、冷柜、冷箱、冷袋）冷链体系全过程无缝对接。

2018 年，农业农村部正式对"浏阳黑山羊"颁发中华人民共和国农产品地理标志登记证书。

2019 年 4 月，机构改革，浏阳市畜牧兽医水产局和浏阳市农业农村局合并。转隶前，原畜牧兽医水产局共核定编制 293 个，在编人员 255 人。其中，参公事业编 16 个，工勤编 1 个，全额事业编 241 个，差额事业编 35 个。原畜牧兽医水产局班子成员 1 人调任浏阳市科技局，4 人留任浏阳市农业发展事务中心。浏阳市动物疫病预防控制中心（浏阳市畜禽水产品检测中心），编制数 30 个；浏阳市动物卫生监督所（浏阳市畜牧兽医综合执法大队），编制数 30 个；浏阳市水产渔政管理站，编制数 10 个。上述 3 个全额事业单位人员及职能转隶至浏阳市农业农村局。

附录 2 浏阳市部分老中兽医简介

一、中兽医人员情况

中兽医队伍是浏阳市兽医战线的一支主力军。新中国成立后，由于党和政府对畜牧业特别是中兽医工作的高度重视，中兽医队伍发展迅速，20 世纪 60—70 年代，浏阳县中兽医事业发展达到鼎盛时期。50 年代从事中兽医工作的人员占兽医总人数的 80.5%、60 年代占 74.3%、70 年代占 65.4%、80 年代占 56.6%，并涌现出了一批有较高声望的名老中兽医。目前，浏阳市基层尚健在的老兽医 160 多人，本次贡献方剂的有 61 人。

二、献方老中兽医简介（按姓氏笔画排序）

王秉文，男，1953 年 10 月出生，浏阳市枨冲镇枨冲社区人。1972 年，拜本地刘宇华老中兽医为师。1972—1973 年在大队担任"赤脚兽医"。1973 年 4 月进入畜牧站，2013 年 10 月退休，从医 40 余年。参与畜牧站中草药采集、加工等工作，主要从事中草药治疗猪牛疾病和畜禽阉割。

尤德成，男，1931年7月出生，浏阳市官桥镇苏故村人。1955年起，从师祖父学习中兽医。1958年1月起，从事兽医工作先后达37年，1992年8月退休。参与畜牧站中草药采集、加工等，应用中草药治疗猪牛疑难疾病。

毛述仁，男，1937年1月出生，浏阳市高坪镇石湾村人。1956年1月起，从师叔父毛继希学习中兽医2年。1955—1956年，参加浏阳县中兽医培训班学习2次。1957年2月起，正式从事中兽医工作，从医40余年，1997年1月退休。带学徒1人。参与畜牧站中草药采集、加工、治疗猪牛疑难疾病等。

邓石坚，男，中共党员，1935年2月出生，浏阳市中和镇小江村人。1955年3月起，从师山枣潭邓望杞学习中兽医。1965年，拜大圣乡名老中兽医张宜许为师，学习中兽医和阉割技术，时间2年。1967年3月起正式从事兽医工作，1996年2月退休，从医31年。带学徒2人，参与畜牧站中草药采集、加工、治疗牛病等工作。

邓应良，男，1949年1月出生，浏阳市官桥镇八角亭村人。1970年2月起，从师祖父邓申任学习中兽医，时间3年。1970年起，在大队担任"赤脚兽医"3年。1975年5月进官桥镇畜牧站，2009年1月退休。带学徒1人。擅长利用中草药治疗耕牛疾病。

卢天保，男，1946年12月出生，浏阳市达浒镇长益村人。1963年考入浏阳卫生学校（中专班），毕业后回大队担任卫生员和"赤脚医生"。1971年2月因工作需要，改行到畜牧站从事兽医工作，2005年12月退休。

卢礼在，男，1942年6月出生，浏阳市古港镇古城社区人。1970年5月，拜古港老中兽医邹益文为师。1972年4月，参加浏阳县中兽医培训班学习。1973年起从事兽医工作达30余年，2002年6月退休。

田必成，男，1936 年 8 月出生，浏阳市普迹镇新街社区人。1958 年 6 月，拜本地普泰村陈庆梅为师，学习中兽医 2 年，其间参加浏阳县中兽医培训班学习 1 个月。1958 年 8 月起从事兽医工作，1988 年 12 月退休，从医 30 年。参与畜牧站中草药采集、加工等，主要从事中草药治疗猪、牛疾病，特别对治疗牛弹琴腿、风湿类疾病积累了一定经验。

田保和，男，1937 年 2 月出生，浏阳市北盛区（现为北盛镇）亚洲湖村人。1955—1956 年，先后参加浏阳县中兽医培训班学习。1956 年 4 月起从事兽医工作。同年 10 月，又拜洞阳老中兽医李维康为师，学习中兽医 2 年。1957—1966 年在北盛区家畜保育站、北盛区牧业协会工作，1988 年 2 月退休，从医 32 年。带学徒 5 人。主要从事中草药识别、采集、加工；中草药治疗猪、牛疾病。特别在治疗猪、牛疑难疾病（卡耳吊丹）方面积累了实践经验。

刘先甫，男，1942 年 11 月出生，浏阳市官桥镇苏故村人。1961 年 3 月，从师祖父学习中兽医和阉割技术。1965 年 8 月起正式从事兽医工作，2002 年 11 月退休。

刘安全，男，中共党员，1957 年 4 月出生，浏阳市关口街道水佳社区人。先后从师父亲学习中兽医和晏良初学习阉割。1974 年起从事兽医工作，担任水佳大队防治员。1978 年 2 月应征入伍，先后在部队农场担任兽医。1981 年退伍后，一直在关口、荷花畜牧兽医站工作，带学徒 5 人。熟悉中草药采集、加工等技术，擅长中西医结合治疗猪、牛疾病。

刘佳羿，男，1941 年 10 月出生，浏阳市关口街道福田村人。1964 年，拜程本政为师学习中兽医。1964 年 6 月起从事兽医工作，2001 年 10 月退休，从医 37 年。擅长以中草药治疗猪、牛疑难疾病。

刘绍书，男，1931 年 2 月出生，浏阳市澄潭江镇洲田村人。1950—1952 年先后拜老兽医曾维招、张功良、张宜许为师，学习兽医、中草药 4 年，从事中兽医工作 42 年，1992 年 5 月退休。在中兽医诊疗猪、牛疾病和应用中草药治疗猪、牛疑难病症方面有特长。

刘瑞名，男，1953 年 12 月出生，浏阳市永和镇石佳村人。1980—1995 年，被浏阳县水产站聘为水产养殖技术员。1996 年被招为畜牧站正式职工，先后在荷花、关口畜牧水产站工作，2013 年 12 月退休。

汤顺初，男，中共党员，1947 年 8 月出生，浏阳市洞阳镇南园社区人。1963 年 1 月起，从师祖父学习中兽医 2 年。1964 年 3 月起从事兽医工作，从医 44 年，带学徒 1 人。擅长应用中草药治疗猪、牛疾病。1971—1982 年，先后指导湖南农学院实习生 30 多人。2007 年 8 月退休后，仍为当地养猪、养牛大户应用中草药开展防病、治病和技术指导。

寻略韬，男，1937 年 8 月出生，浏阳市社港镇沅田村人。1968 年起，从师父亲学习中兽医，主要以草药、针灸治疗耕牛疾病。1971 年 3 月，参加浏阳县中兽医培训班学习。1971 年 4 月起，从事兽医工作。1982 年，跟随湖南农学院彭寅生老师实习 3 个月，1997 年 8 月退休，带学徒 3 人。长期从事中草药采集、加工；具备中草药炮制、调剂及中草药治疗猪、牛疾病等技术。

李兴田，男，中共党员，1941 年 10 月出生，浏阳市官渡镇南岳社区人。1966 年 4 月起从事兽医工作，2001 年 4 月退休，从医 35 年，带学徒 1 人。主要应用中草药治疗猪、牛疾病，对牛风湿性疾病治疗积累了一定的经验。

李良生，男，中共党员，1946 年 8 月出生，浏阳市大瑶镇枫林村人。1969 年 1 月起从事兽医工作，2006 年 8 月退休，从医 38 年。主要从事中草药治疗猪、牛疾病，畜禽阉割等。

李昭富，男，1952 年 10 月出生，浏阳市大瑶镇李畋村人。1970 年 10 月起从事兽医工作，2012 年 10 月退休，从医 42 年，带学徒 2 人。主要特长：应用中兽医诊断、治疗猪牛疑难病症，特别对治疗大家畜（牛、马、驴）疾病方面积累了一定的经验。其诊疗技术在江西省萍乡市上栗县、宜春市万载县和湖南省醴陵市等周边地区享有较高声誉。

李胜强，男，1956年12月出生，浏阳市张坊镇陈桥村人。1972年3月和1979年5月分别在原湘潭地区、攸县网岭参加兽医培训班学习。1972年8月，拜师学习畜禽阉割技术，从医40余年。主要从事中兽医诊疗、畜禽阉割等。1983—1994年举办畜禽阉割技术培训班，培训学员1 000余人。

李炳松，男，1942年11月出生，浏阳市沙市镇友助村人。1962年，从师叔祖父学习中兽医3年。1965年1月起正式从事兽医工作，先后在秀山、赤马、山田、沙市等站工作，2002年11月退休，从医37年，带学徒1人。一直从事中兽医诊断、治疗业务，对中草药治疗猪、牛疑难疾病方面积累了一些经验。

李桂桃，男，1928年4月出生，浏阳市集里街道锦美社区人。1949年4月，拜太平桥老中兽医邓旺学学习中兽医2年。1951年3月，参加浏阳县中兽医培训班学习2个月。1952年3月起正式从事兽医工作，1987年4月退休，从医35年。主要从事中草药采集、加工，应用中草药治疗猪、牛疾病，特别对治疗牛疑难杂症积累了一定的经验。

李斌凡，男，1947年9月出生，浏阳市沙市镇友助村人。1962年起，从师祖父学习中兽医。1970年1月，正式从事兽医工作，先后在沙市、淳口、赤马、秀山等站工作，2007年9月退休，从医37年，带学徒2人。主要应用中草药治疗猪、牛疑难疾病及牛内科、外科、伤科等。

肖国荣，男，1946年11月出生，中共党员，宁乡县（现为宁乡市）坝塘镇清河村人。1964年起拜师学习中兽医。1966年8月，在宁乡县麻油田公社畜牧站从事兽医工作。1973年1月，到浏阳县凤溪公社畜牧站工作。1975—1977年，兼浏阳县第十三中学农牧班业务班主任。1986年，调到浏阳县畜牧兽医联站工作，并担任站长。2001年联站改制后至2007年，被市农委扶贫办聘任在达浒猪场任技术员。从事中兽医工作40余年，2007年11月退休。

吴西仲，男，1940 年 11 月出生，浏阳市蕉溪乡（现为蕉溪镇）高升村人。1972 年，参加浏阳县中兽医培训班学习。1973—1980 年，担任蕉溪乡桐江、水源等大队"赤脚兽医"，主要从事中兽医治疗猪、牛疾病，以及中草药采取、加工。2008 年 11 月退休，从医 36 年。

吴政仁，男，1943 年 7 月出生，浏阳市高坪镇桃花村人。1958 年，到浏阳县大围山畜牧兽医学校学习中兽医。1961 年，回家跟随父亲继续学兽医。1980 年 1 月起正式从事兽医工作，2003 年 7 月退休。主要从事中草药采集、加工及中草药治疗猪、牛疾病等。

何才明，男，1943 年 8 月出生，浏阳市关口街道溪江村人。1959 年 10 月，拜蕉溪乡老兽医于寿山为师，学习中兽医，后又拜本地程本正为师。1959 年 12 月起正式从事兽医工作，先后参加了湘潭农业学校、浏阳县中兽医培训班学习。1972 年 3 月参加浏阳县阉猪比赛，获第一名（用时 37 秒）。从医 43 年，擅长中草药采集、加工，以及中草药治疗猪、牛疑难疾病和阉割技术。2002 年 8 月退休后，仍为当地规模猪场、牛场提供技术服务。

何光春，男，1940 年 4 月出生，浏阳市金刚镇山虎村人。1959 年 1 月，拜大圣乡老兽医何永召为师，学习中兽医、畜禽阉割技术 3 年。1963 年 8 月起正式从事兽医工作。1981 年 11 月，参加湘潭地区兽医培训班学习 2 个月。2000 年 4 月退休，从医 41 年。

何声发，男，1945 年 11 月出生，浏阳市荷花街道西环村人。1963 年 4 月，从师祖父学习中兽医、阉割技术。1965 年 1 月起正式从事兽医工作。1972 年 3 月，参加浏阳县短期兽医培训班学习 1 个月。2002 年 9 月退休。从医 39 年，带学徒 5 人，以中草药治疗猪、牛疾病为主。

何宗许，男，1941 年 5 月出生，浏阳市金刚镇沙螺村人。1963 年 3 月，从师父亲学习中兽医技术 4 年。1965 年 3 月起正式从事兽医工作，2001 年 5 月退休，从医 38 年。在中草药采集、加工以及应用中草药治疗牛常见疾病方面有一定经验。

何显耀，男，中共党员，1946年10月出生，浏阳市澄潭江镇吾田村人。1973年4月，参加浏阳县中兽医培训班学习1个月，培训后回大队担任"赤脚兽医"。2006年10月退休，从医33年，带学徒1人。主要从事中草药治疗猪、牛疾病和阉割等。

沈学尧，男，1938年7月出生，浏阳市龙伏镇新开村人。1956年3月参加浏阳县中兽医短训班学习，同年10月起正式从事兽医工作，1998年10月退休，从医42年。对中兽医治疗耕牛中毒性疾病、消化系统疾病、牛眼科病有一定经验。

张义生，男，中共党员，1927年10月出生，浏阳市普迹镇新府社区人。1945年1月起从师父亲学习中兽医5年。1954年起正式从事兽医工作，1990年10月退休，从医36年，带学徒5人。主要从事中草药采集、加工，应用中草药治疗猪、牛疑难疾病。

张长庆，男，中共党员，1944年2月出生，浏阳市沙市镇白水村人。1964年1月，拜师学习中兽医。1965年2月起，正式从事兽医工作。1966年8月起先后在山田、沙市畜牧兽医站工作，2002年2月退休，从医37年。带学徒8人，培训中兽医人员120多人，曾为原湘潭地区名老中兽医。自编中草药汤头、诊疗日记等资料，特别在应用中草药治疗猪、牛习惯性流产、不发情、缺乳等方面积累了一定经验。

张运光，男，1946年9月出生，浏阳市中和镇雅山村人。1968年3月起从师父亲学习中兽医。1978年起正式从事兽医工作，2009年9月退休，从医31年，带学徒1人。主要从事中草药采集、加工，应用中草药治疗猪、牛疑难疾病。

张建军，男，1949年11月出生，浏阳市柏加镇柏铃社区人。1966年2月起，从师舅父学习中兽医、阉割，2年。1967年起正式从事兽医工作。1970年5月，参加浏阳县短期中兽医培训班学习1个月。2009年11月退休，从医42年，带学徒2人。主要从事中兽医诊断、治疗，中草药采集、加工，畜禽阉割等。

陈克明，男，1933 年 7 月出生，浏阳市沿溪镇礼花村人。1956 年开始学习中兽医。1958 年，到浏阳县大围山畜牧兽医学校学习 2 年，毕业后一直从事中兽医工作。1970 年起聘为浏阳县乡村兽医培训班授课教师。1973—1975 年，先后被评为浏阳县、湘潭地区名老中兽医。1980 年，被聘为"湖南省中兽医特约研究通讯员"。1981 年 9 月，为湖南科学技术出版社《兽医中草药验方选》一书贡献验方 8 个，多次代表浏阳参加湖南省及原湘潭地区名老中兽医座谈会，并贡献方剂上百个。1993 年 7 月退休。退休至今仍为规模养猪场、牛场提供技术指导和技术服务。从医 40 余年，先后带学徒 25 人。广泛应用中草药治疗猪、牛各类疑难病症，关心、关注中兽医发展，为传承中兽医宝贵遗产提出了许多好的建议。正如他的座右铭："常将进修忘年老，未敢蹉跎度岁华，老牛明知夕阳晚，不应扬鞭自奔蹄。"

陈南香，男，1945 年 4 月出生，浏阳市文家市镇玉泉村人。1969 年 1 月，拜草药兽医蔺常进为师，学习兽医、中草药。1971 年 2 月起从事兽医工作，2002 年 4 月退休。带学徒 3 人。常以中草药、针灸治疗猪、牛疾病。

陈俊义，男，1952 年 5 月出生，浏阳市葛家镇新源村人。1977 年 9 月，在唐家园五七干校兽医培训班学习。后拜畜牧站谭景星、胡绪和学习中兽医，拜何雪生、黄友轮学习阉割技术，2012 年 5 月退休。

陈勤轩，男，1944 年 8 月出生，浏阳市淳口镇农大社区人。1970 年 9 月参加沙市文光第一届兽医培训班，学习 2 个月。1975 年 2 月参加湘潭农业学校兽医培训班，学习 3 个月。1975 年 6 月起正式从事兽医工作。1975—1982 年开办畜牧站中草药房，任调剂员，带学徒 1 人。2002 年 12 月退休。

邵培之，男，1940 年 6 月出生，浏阳市永安镇永和村人。1962 年 3 月起，从师学习中兽医。1963 年 10 月起正式从事兽医工作，2002 年 1 月退休，从医 39 年。以中兽医、中草药治疗猪、牛内科疾病为主，带学徒 5 人，指导湖南农学院（现湖南农业大学）实习生 30 多人。

罗树清，男，1944 年 10 月出生，浏阳市葛家镇金源村人。1966 年 3 月，拜本乡老兽医童汉希为师，学习兽医、阉割技术。1969 年和 1971 年，先后 2 次参加浏阳县中兽医培训班学习。2004 年 10 月退休，从医 38 年。参与畜牧站中草药采集、加工以及中草药治疗猪、牛疾病等。

郑义荣，男，1953 年 6 月出生，浏阳市张坊镇田溪村人。1974 年 5 月，拜上洪老兽医廖才美为师学习中兽医，从事兽医工作 39 年，2013 年 6 月退休。擅长以中兽医、中草药治疗猪、牛疑难疾病以及中草药采集、加工等。

郑文华，男，1937 年 5 月出生，浏阳市普迹集镇新街村人。1957 年，参加浏阳县中兽医培训班学习 1 个月。1962 年，拜当地老兽医凌德清学习中兽医。从事中兽医工作 40 余年，1997 年 5 月退休。参与畜牧站中草药采集、加工，应用中草药治疗猪、牛疑难疾病等技术工作。

赵云华，男，1952 年 2 月出生，浏阳市柏加镇兰洲村人。1972 年起从事兽医工作，2012 年 2 月退休，从医 40 余年。参与畜牧站中草药采集、加工，主要从事中兽医、中草药治疗猪、牛疾病及畜禽阉割技术。

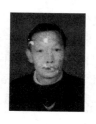

赵自赏，男，1926 年 9 月出生，浏阳市蕉溪乡金云村人。1951 年，拜北盛区老兽医赵岳生为师，学习中兽医 1 年。1958 年，与北盛区拔茅滩老兽医罗宗法参师 2 年。1958 年 10 月，在北盛区牧业协会工作。1961 年，回到蕉溪乡从事兽医工作。1990 年 9 月退休，从医 42 年，带学徒 3 人。40 多年来，以自采草药、应用草药治疗猪、牛疾病为主。

胡汉平，男，1948 年 6 月出生，浏阳市高坪镇沿甸村人。1971 年 3 月参加县中兽医培训班学习 6 个月，后在高坪公社鼓风大队担任"赤脚兽医"。1978 年 3 月，又拜老兽医何绍兴为师，学习阉割技术。从事兽医工作 32 年，带学徒 3 人。参与畜牧站中草药采集、加工及制备黄连素、柴胡注射液等。2008 年 6 月退休后，曾在高坪惠泉养猪场担任技术指导，应用中

草药防治生猪疾病。

钟北根，男，中共党员，1944年2月出生，浏阳市大围山镇坭坞村人。1960年1月，拜宁乡县双江口老中兽医肖子芳为师，学习中兽医1年，后正式从事兽医工作。2004年2月退休，从医44年，带学徒1人。主要从事中草药采集、加工，应用中兽医、中草药治疗猪、牛疾病和阉割等。

聂松林，男，1951年4月出生，浏阳市北盛区边洲村人。1968年1月，拜洞阳老兽医邓正武为师，学习中兽医。1975年10月，到湘潭农业学校参加兽医培训班，学习3个月。2011年4月退休，从医43年。主要从事中兽医、中草药治疗猪、牛疾病，配制家畜外伤出血止血药方。

徐礼春，男，1948年10月出生，浏阳市龙伏镇石柱峰村人。1964年2月，在社港参加浏阳县"半农半医"学习班，学习2年。结业后从事"赤脚医生"近10年。1973年5月，参加浏阳县中兽医培训班，学习3个月，后在凤凰大队担任"赤脚兽医"。1976年5月，到泮春畜牧站拜孔宜斌为师，学习中兽医。2008年10月退休，从医35年，带学徒3人。主要从事中草药采集、加工及中药调剂，应用中草药治疗猪、牛常见疾病。

徐钦和，男，1950年3月出生，浏阳市文家市镇岩前村人。1972年3月，参加浏阳县中兽医培训班学习。1974年2月，拜中和老兽医胡耀坦为师学习中兽医。2010年3月退休，从医38年。参与畜牧站中草药采集、加工，主要从事中兽医、中草药治疗猪、牛疾病及畜禽阉割技术。

徐福林，男，中共党员，1943年3月出生，浏阳市永安镇心源社区人。1958年4月，从师祖父学习中兽医。2003年3月退休，从医45年。常出诊到长沙县春华、黄花及浏阳市洞阳一带。主要特长是中草药识别、采集、加工；作为团队带头人，配制中草药"祛风散"，特别在治疗牛风湿性疾病、呼吸道疾病及眼科疾病等方面积累了一定经验。

黄正福，男，1950年6月出生，浏阳市柏加镇双源村人。1970年、1974年，先后两次在镇头区（现为镇头镇）兽医培训班学习。结业后，又拜谢子善、易桂兴为师学习兽医。2010年6月退休，从医40余年，带学徒1人。长期从事中兽医、中草药治疗猪、牛疾病。

黄志贤，男，1928年6月出生，浏阳市达浒镇书香村人。16岁起拜师学习中兽医，先后在县中兽医培训班学习3期。1956年1月加入浏阳县畜牧协会，先后在官渡、永和等地从事兽医工作。1968年2月，回达浒镇工作。1988年7月退休，从医34年，带学徒2人。长期从事中兽医工作，经常到大围山、连云山采挖草药；应用中草药预防牛病，在治疗牛眼科疾病、跌打损伤等方面积累了一定的经验。

黄新贵，男，1957年5月出生，浏阳市永和镇菊香社区人。1975年3月起，拜老中兽医刘菊初为师，学习兽医1年。1976年4月，拜葛家何雪生学习阉割技术半年。1976年10月，到永和畜牧兽医站工作。参与畜牧兽医站中草药采集、加工和中草药制剂工作。主要从事中兽医、畜禽阉割等。

蒋德奇，男，1960年12月出生，浏阳市北盛区拔茅村人。1981年3月，由浏阳县水产站聘为水产养殖技术员。1982年4月，在太平桥渔场水产养殖技术培训班学习，一直从事水产技术指导。1992年，在北盛托塘渔场从事技术工作。2004年5月起，在湖南五指峰生物科技有限公司从事水产养殖技术推广和技术服务工作。

鲁树林，男，1953年9月出生，浏阳市北盛区北盛仓社区人。1971年9月，参加浏阳县中兽医培训班，学习3个月。1974年1月起，拜肖民生为师学习兽医。1976年1月进畜牧站从事兽医工作，2013年9月退休，从医37年。参与畜牧站中草药采集、加工、调剂，应用中兽医、中草药治疗猪、牛疾病。

谢奇福，男，1944 年 12 月出生，浏阳市淳口镇谢家村人。1970 年 9 月，参加沙市文光中兽医培训班，学习 2 个月。1973 年 4 月，参加浏阳县中兽医培训班，学习 3 个月。2003 年 12 月退休，从医 33 年。参与畜牧站中草药采集、加工、调剂，应用中兽医、中草药治疗猪、牛疾病。

谭良鹏，男，1953 年 1 月出生，浏阳市高坪镇石湾村人。1972 年，从师父亲学习中兽医、阉割术。1976 年参加浏阳县兽医培训班，学习 3 个月。1976 年起到石湾站从事兽医工作，2013 年 1 月退休，从医 37 年，带学徒 4 人。主要从事中兽医及畜禽阉割工作。

熊炳炎，男，1947 年 11 月出生，浏阳市镇头区跃龙村人。13 岁起跟随父亲学习中兽医。1964 年 4 月参加镇头区中兽医培训班，学习 1 个月。1967 年 5 月参加浏阳县兽医培训班，学习 3 个月。2007 年 11 月退休，从医 43 年，带学徒 2 人。长期从事中草药采集、加工以及应用中草药、针灸治疗猪、牛疾病。

黎寅生，男，1953 年 1 月出生，浏阳市葛家镇新建村人。1969 年 9 月参加浏阳县中兽医培训班，学习 3 个月。1971 年 3 月拜本乡老兽医胡绪和为师，学习中兽医 1 年。1972 年 1 月拜本乡宋五为师，学习阉割技术，随后在新建村担任"赤脚兽医"。1975 年 7 月起到畜牧站从事兽医工作，2013 年 1 月退休，从医 38 年，带学徒 6 人。参与畜牧站中草药采集、加工、配发，中草药制剂，应用中兽医、中草药治疗猪、牛疾病，畜禽阉割等。

主要参考文献

北京农业大学，1978. 中兽医学（上、下册）［M］. 北京：农业出版社.

《兽医针灸学》编写组，1981. 兽医针灸学［M］. 北京：农业出版社.

图书在版编目（CIP）数据

中兽医医方医术集锦 / 伍国强，何瑜主编 . —北京：
中国农业出版社，2024.4（2025.9 重印）
ISBN 978-7-109-31833-5

Ⅰ.①中… Ⅱ.①伍… ②何… Ⅲ.①中兽医学—验
方 Ⅳ.①S853.9

中国国家版本馆 CIP 数据核字（2024）第 059550 号

中国农业出版社出版

地址：北京市朝阳区麦子店街 18 号楼
邮编：100125
责任编辑：冀 刚 文字编辑：段美玲
版式设计：杨 婧 责任校对：吴丽婷
印刷：三河市国英印务有限公司
版次：2024 年 4 月第 1 版
印次：2025 年 9 月河北第 2 次印刷
发行：新华书店北京发行所
开本：700mm×1000mm 1/16
印张：10.25
字数：195 千字
定价：68.00 元
